国家级职业教育规划教材
全国技工院校煤矿技术专业教材（中级技能层级）

综合机械化掘进工艺

（第二版）

人力资源社会保障部教材办公室组织编写
孙茂来　主　编
周忠林　主　审

中国劳动社会保障出版社

简介

本教材为全国技工院校煤矿技术专业国家级规划教材，由人力资源社会保障部教材办公室组织编写。教材以综掘工作面安全生产为出发点，以综掘工作面质量标准化的要求为依据，较为全面地叙述了综掘工作面掘进工艺与安全生产管理知识，能够满足学校培养煤矿生产一线技能型人才的要求。教材主要内容包括综掘工作面设备布置与巷道开窝准备，综掘工作面掘进工艺，综掘工作面设备安装、撤除与搬迁技术，综掘工作面支护与顶板管理，综掘工作面通风与灾害防治技术，以及综掘工作面生产管理。教材配有电子课件，可通过职业教育教学资源和数字学习中心（http：//zyjy. class. com. cn）下载。

本教材由孙茂来任主编，孙健任副主编，夏孝够、王孝义参加编写，周忠林任主审。

图书在版编目(CIP)数据

综合机械化掘进工艺/孙茂来主编. -- 2版. -- 北京：中国劳动社会保障出版社，2018

全国技工院校煤矿技术专业教材. 中级技能层级

ISBN 978－7－5167－3485－8

Ⅰ.①综… Ⅱ.①孙… Ⅲ.①综合机械化掘进-技工学校-教材 Ⅳ.①TD263.3

中国版本图书馆CIP数据核字(2018)第178921号

中国劳动社会保障出版社出版发行

（北京市惠新东街1号 邮政编码：100029）

*

北京市艺辉印刷有限公司印刷装订 新华书店经销

787毫米×1092毫米 16开本 10.5印张 231千字

2018年8月第2版 2022年3月第3次印刷

定价：21.00元

读者服务部电话：（010）64929211/84209101/64921644

营销中心电话：（010）64962347

出版社网址：http://www.class.com.cn

http://jg.class.com.cn

前　言

全国中等职业技术学校煤矿技术专业教材自出版以来，在学校的教学中发挥了重要作用。近年来，随着我国煤炭工业的发展，煤矿企业对从业人员的知识水平和职业能力提出了更高的要求。为了适应这些变化，满足学校的人才培养需求，我们组织了一批教学经验丰富、实践能力强的一线教师和行业、企业专家，在充分调研的基础上，对现有教材进行了修订。

在体系结构上，新版教材仍然按“综合机械化采煤”“综合机械化掘进”“煤矿电气设备维修”和“煤矿机械维修”四个专业方向设计，包括《采煤概论（第二版）》《矿井通风与安全（第二版）》《液压支架与泵站（第二版）》《煤矿电工学（第二版）》《综合机械化采煤工艺（第二版）》《采煤机（第二版）》《综采运输机械（第二版）》《掘进与支护（第二版）》《综合机械化掘进机械（第二版）》《综合机械化掘进工艺（第二版）》《煤矿供电（第二版）》《煤矿电气设备维修技能训练（第二版）》《煤矿机械（第二版）》和《煤矿固定设备维修技能训练（第二版）》。

在内容上，新版教材根据煤炭工业的现状和发展趋势，以及企业的岗位需求做了调整和更新，例如，在相关教材中增加了煤矿环境保护与治理的内容，以及来源于实际生产的案例、技能训练和例题，同时，严格执行国家最新技术标准，体现了行业的新知识、新技术、新工艺、新设备。

在表现形式上，新版教材充分考虑学生的认知规律，注重利用图表、实物照片和案例辅助讲解知识点和技能点，增加教材的亲和力，为学生营造生动、直观的学习环境，激发学生的学习兴趣。

本套教材的修订得到了河北、山西、江苏、山东、河南等省人力资源社会保障部门及有关院校的大力支持，在此，我们表示诚挚的谢意！同时，恳切希望广大读者对教材提出宝贵的意见和建议。

人力资源社会保障部教材办公室

目　录

第一章

综掘工作面设备布置与巷道开窝准备

学习目标

1. 了解综掘工作面开窝选点要求和主要综掘设备选型要求。
2. 掌握综掘设备相互连接位置和设备安装前部件摆放要求。
3. 能安全运输和组装主要综掘设备。
4. 能检验主要综掘设备性能。

煤矿巷道掘进最基本的过程就是把岩石或煤破碎，形成设计所要求的空间，并对掘进空间进行支护。巷道掘进方法一般有钻眼爆破法和机械破岩法两种。过去以钻眼爆破法为主(特别是在坚硬的岩层中掘进)，现大部分掘进采用的是机械破岩法（特别是煤巷掘进），且有向智能化、无人化方向发展的趋势。综合机械化掘进简称综掘，即能够实现破煤、装煤、运煤、支护、喷雾除尘等全部工序联合作业的掘进形式，具有机械化程度高、施工速度快、效率高、对围岩破坏小和工作安全等优点，包括煤巷（煤断面面积大于4/5巷道断面面积）综合机械化掘进工艺、半煤岩巷（煤断面面积大于1/5巷道断面面积，小于4/5巷道断面面积）综合机械化掘进工艺和岩巷（煤断面面积小于1/5巷道断面面积）综合机械化掘进工艺。

第一节　综掘工作面设备布置与巷道准备

煤矿掘进用的掘进机大多数是悬臂式掘进机，它是一种能够完成截割、装载、转载煤(岩)，并能自己行走，具有喷雾灭尘等功能的巷道掘进联合机组。悬臂式部分断面掘进机在煤矿地下巷道施工中得到了广泛的应用，随着社会经济的发展、科技的进步和人民生活水平的提高，巷道施工向安全、优质、高效、无人化方向发展，加强掘进机向智能化方向发展是一个大的趋势，未来的矿山机械将全面装备融电子化、自动化、机器人化于一体的机电一体化技术。

一、综掘工作面设备及地点准备

1. 综掘工作面设备及摆放地点准备要求

（1）综掘工作面设备

综掘工作面设备主要有掘进机、转载设备、运输设备、打锚杆眼设备、支护设备和运输系统等。

（2）综掘工作面地点准备与要求

综掘工作面地点准备主要是指安装和布置掘进机械硐室，综掘工作面地点要求主要包括巷道断面形状、长度与高度的要求。不同的掘进机长度、高度是不一样的，因此，其对综掘工作面地点的要求也是不一样的。

2. 综掘工作面及施工概述

（1）巷道断面形状

我国煤矿巷道常用的断面形状是梯形和直墙拱形（如半圆拱形、圆弧拱形、三心拱形），其次是矩形，只是在某些特定的岩层或地压情况下，才选用不规则形（如半梯形）、封闭拱形、椭圆形或圆形。矩形断面利用率高，承载能力差，一般用于顶压、侧压都小，服务年限短的巷道，如果侧压增大，两帮支架将发生移动或破坏。梯形断面利用率较拱形断面高，但承压性能较拱形断面差，常用于服务年限不长、断面较小或围岩稳定、地压不大的巷道。拱形断面则常用于服务年限长或围岩不稳定、地压大的巷道。在特别松软或膨胀性大的岩层中开掘巷道，当顶压、侧压都很大时，可采用曲拱形断面；底膨严重时，可用带底拱的封闭拱形断面；四周压力都很大且不均匀时，可采用椭圆形断面；四周压力均匀时，可采用圆形断面。沿煤层掘进巷道时，为了不破坏顶板，常根据煤层赋存情况，将巷道开掘成各种不规则形状。巷道断面形状往往取决于矿区富有的支架材料和习惯采用的支护方式。木棚子和钢筋混凝土棚子适用于梯形和矩形等形状的断面；料石和混凝土砌碹适用于拱形、圆形等曲线形断面；金属支架、锚杆支护适用于任何形状的断面。

（2）巷道断面尺寸

巷道断面尺寸主要依据用途来确定，并用所需通过风量来校正，以人员通过方便为原则。《煤矿安全规程》规定：巷道净断面必须满足行人、运输、通风和安全设施及设备安装、检修、施工的需要。巷道开掘出后不加支护的断面称为荒（毛）断面，支护后的断面称为净断面。巷道断面尺寸主要考虑巷道的净高和净宽。

1）巷道的净宽度。矩形巷道（直墙巷道）的净宽度是指巷道两侧壁或锚杆露出长度终端之间的水平间距。对梯形巷道，当巷道内通行矿车、电机车时，净宽度指车辆顶面水平的巷道宽度；当巷道内设置运输机械时，净宽度指从巷道底板起 1.6 m 高水平的巷道宽度；当巷道不放置和不通行运输设备时，净宽度指净高二分之一处的水平距离。巷道净宽度主要取决于运输设备本身的宽度、人行道宽度和相应的安全间隙，无运输设备的巷道净宽度可根据通风及行人的需要来确定。巷道内人行道的宽度和相应的安全间隙在《煤矿安全规程》中都有明确的规定：

①新建矿井、生产矿井新掘运输巷的一侧，从巷道道碴面起1.6 m的高度内，必须留有宽0.8 m（综合机械化采煤及无轨胶轮车运输的矿井为1 m）以上的人行道，管线吊挂高度不得低于1.8 m。

②生产矿井已有巷道人行道的宽度不符合上述要求时，必须在巷道的一侧设置躲避硐。2个躲避硐的间距不得超过40 m。躲避硐宽度不得小于1.2 m，进深不得小于0.7 m，高度不得小于1.8 m。躲避硐内严禁堆积物料。

③采用无轨胶轮车运输的矿井人行道宽度不足1 m时，必须制定专项安全技术措施，严格执行“行人不行车，行车不行人”的规定。

④在人车停车地点的巷道上下人侧，从巷道道碴面起1.6 m的高度内，必须留有宽1 m以上的人行道，管道吊挂高度不得低于1.8 m。

2）巷道的净高度。矩形、梯形巷道的净高度是指自道碴面或底板至顶梁或顶部喷层面、锚杆露出长度终端的高度。拱形断面的净高度是指自道碴面至拱顶内沿或锚杆露出长度终端的高度，由壁高和拱高组成，半圆拱的拱高为巷道净宽的一半，圆弧拱及三心拱的拱高常取巷道净宽的1/3。《煤矿安全规程》规定：采用轨道机车运输的巷道净高，自轨面起不得低于2 m。采（盘）区内的上山、下山和平巷的净高不得低于2 m，薄煤层内的不得低于1.8 m。

（3）水沟及管线布置

水沟通常布置在人行道一侧，并尽量少穿越运输线路，只有在特殊情况下，才将水沟布置在巷道中间或非人行道一侧。平巷水沟坡度可取3‰~5‰，或与巷道的坡度相同，但不应小于3‰，以利水流顺畅。运输大巷的水沟可用混凝土浇筑，也可用钢筋混凝土预制成构件，然后送到井下铺设。采区中间巷道的水沟，可根据巷道底板性质、服务年限、排水量和运输条件等因素考虑是否需要支护。回采巷道的服务年限短、排量小，故其水沟不用支护。棚式支架巷道水沟一侧的边缘距棚腿应不小于300 mm。为了行人方便，主要运输大巷和倾角小于15°的斜巷的水沟，应铺放钢筋混凝土预制盖板，盖板顶面要与道碴面齐平。只有在无运输设备的巷道或倾角大于15°的斜巷，以及采区中间巷道和平巷中，可不设盖板。管线布置原则主要是保证安全和便于检修，其要点如下：

电缆与管道应布置在巷道的不同侧。在梯形巷道内，电力电缆布置在人行道一侧的棚腿上部，管道则布置在另一侧下部，细管在上、粗管在下，与道碴面保持150 mm距离，以利于安装和检修，而且任何管子与运行车辆的距离都不得小于200 mm。在拱形巷道内，管道布置在人行道一侧，而下部与道碴面和水沟盖板面应分别保持1.8 m和1.8 m以上的距离，电力电缆布置在另一侧，距底板不得小于1 m，与运行车辆的间距不得小于250 mm，力求布置在车辆高度之上。电话和信号电缆布置在电力电缆的另一侧，若必须布置在同一侧时，则应在电力电缆上方100 mm以外。当电缆与管道同侧布置时，也应将电缆布置在管道之上不小于300 mm的地方。

（4）巷道施工

在巷道掘进工作中，要保证巷道断面的规格、尺寸、巷道的坡度、方向符合设计的要求，必须按巷道的中心线、腰线进行施工。

中心线是巷道掘进走向方向的基准线，一般按巷道中心标在巷道顶板或支架上，主要采准巷道应使用激光定向仪。

腰线是指示巷道坡度的基准线，一般按距巷道底板或永久轨面以上 1 m 高为准，标在巷道侧帮或支架上。

按断面煤、岩所占的比例不同，巷道分为煤巷、半煤岩巷及岩巷；按坡度不同，巷道又可分为平巷、斜巷、立井三大类。施工中，应根据不同类型巷道的特点进行破、通、装、动、支等工序的作业。

3. 典型掘进机截割巷道断面范围

（1）AM-50 型掘进机不移动位置（定位截割）截割巷道断面的范围

AM-50 型掘进机截割巷道断面范围如图 1—1 所示：a 是基型断面，它的截割高度为 4 m，宽度为 4. 8 m，最大截割断面面积为 18. 1 m^2；b 是增加了 180 mm/210 mm 转台加高附件的断面，其截割高度为 4. 2 m，宽度为 4. 8 m，最大截割断面面积为 18. 9 m^2；c 是增加了 180 mm/280 mm 转台加高附件的断面，其截割高度为 4. 4 m，宽度为 5. 05 m，最大截割断面面积为 20. 3 m^2。

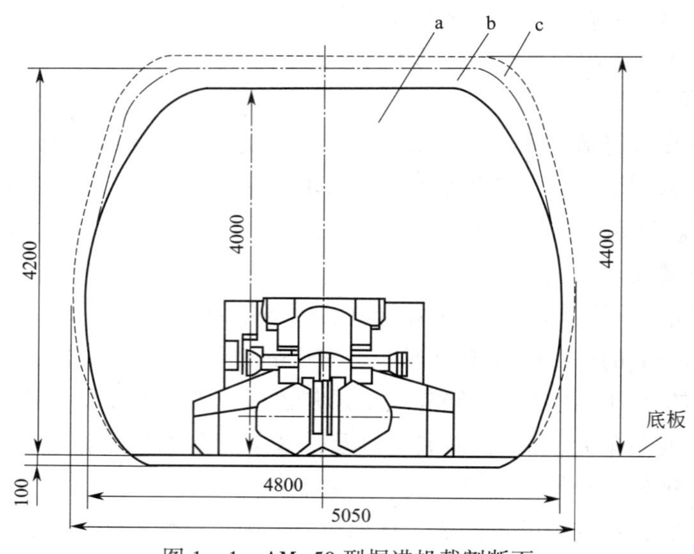

图 1—1　AM-50 型掘进机截割断面

a—基型断面　b—增加了 180 mm/210 mm 转台加高附件的断面　c—增加了 180 mm/280 mm 转台加高附件的断面

（2）S100 型掘进机定位截割巷道断面的范围

S100 型掘进机不移动机器位置截割巷道断面的范围如图 1—2 所示。最小截割高度为 2. 3 m，最小截割宽度为 2. 5 m，最小截割断面面积为 5. 7 m^2；最大截割高度为 4. 5 m，最大截割宽度为 5. 1 m，最大截割断面面积为 21 m^2。

二、综掘工作面设备布置特点

在新的综掘工作面开窝后，即新综掘工作面长度大于掘进机机身长度三四米，就要设计掘进机械主要设备安装场地。若原设计的巷道断面（高度和宽度）能满足掘进机械主要设备安装要求，根据掘进机械主要设备的结构、安装顺序，以及不同的机器型号，设计掘进机械主要零部件摆放方式；若原设计的巷道断面（高度和宽度）不能满足掘进机械主要设备安装要求，还要设计安装硐室。因此，不论哪种情况，为了掘进机能安全、快速安装，都必须在安装前设计好掘进机主要设备摆放空间。

1. S100 型掘进机（主要部件）在综掘工作面的布置

掘进机各主要部件在工作面安装地点的布置，也就是卸车时部件应当存放的位置。这个问题在地面拆卸、装车、运输时就应周密考虑，即先安装的部件先卸车。截割头在机器的最前部，应布置在工作面最前端，然后以机架为主，其他各部件布置在它的周围。在卸机架时应将轨道撤除，以便在底板上组装掘进机。刮板输送机和转载机最后安装，可以不用卸车，待安装时直接卸装到机架上。S100 型掘进机部件在综掘工作面的布置如图 1—3 所示。

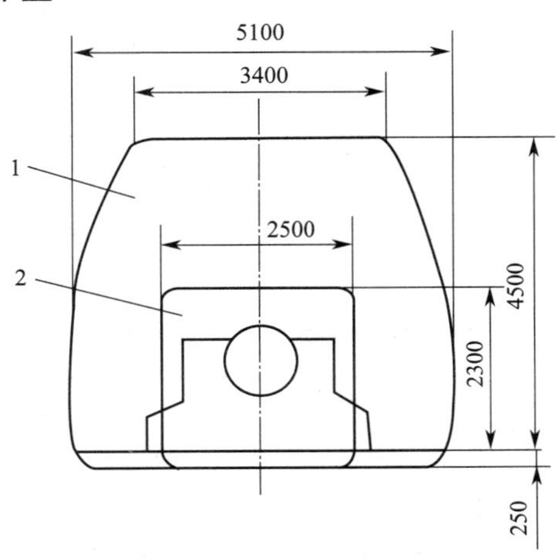

图 1—2　S100 型掘进机截割断面

1—最大截割断面　2—最小截割断面

以 S100 型掘进机为例，设计掘进机的主要部件在综掘工作面的布置。

（1）在截割头的端部（巷道的中心处）离工作面大约二三米放置截割臂。

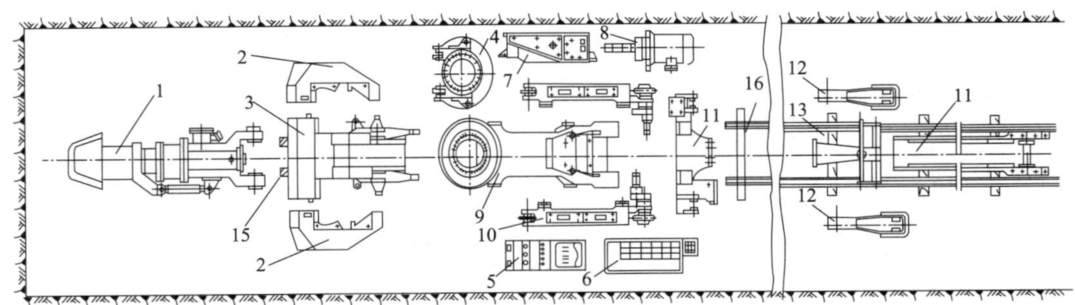

图 1—3　S100 型掘进机部件在综掘工作面的布置

1—截割部　2—侧铲板　3—主铲扳　4—截割头回转台　5—操作台　6—电磁开关箱　7—油箱　8—液压泵及电动机　9—机架　10—履带架　11—后支撑连接架　12—后支撑座　13—输送机回转台　14—刮板输送机　15—轨枕　16—轨道

（2）在截割臂后部（巷道的中心处）放置主铲板，在主铲板的两侧放置侧铲板。

（3）在主铲板后部（巷道的中心处）放置机架，在机架右侧的前面放置截割头回转台，在截割头回转台后平行放置油箱和右履带架，右履带架放在巷道的里侧，油箱放在巷道的外侧，油箱的后部放置液压泵及电动机。

（4）在机架的右侧平行放置左履带架和操作台，左履带架放在巷道的里侧，操作台放在巷道的外侧，并在操作台后放置电磁开关箱。

（5）在机架的后部（巷道的中心处）放置后支撑连接架。

（6）在后支撑连接架的后部（巷道的中心处）放置输送机回转台，在输送机回转台的两侧分别放置左、右后支撑座。

（7）在输送机回转台的后部（巷道的中心处）放置刮板输送机的部件。

2. AM-50 型掘进机（主要部件）在综掘工作面的布置

AM-50 型掘进机（主要部件）在综掘工作面的布置与 S100 型掘进机（主要部件）基本一样，其设备摆放如图 1—4 所示。

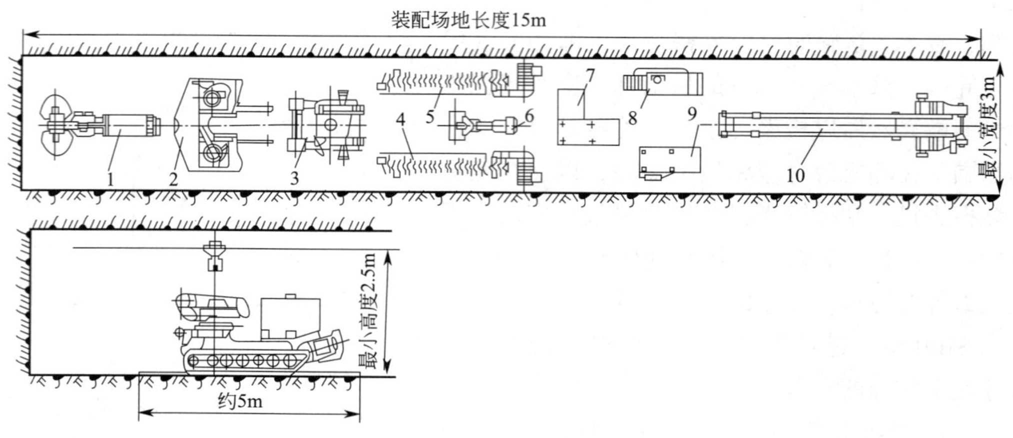

图 1—4　AM-50 型掘进机在综掘工作面的布置

1—截割臂　2—铲板　3—回转台　4、5—左、右机架　6—后支撑
7—横向部件　8—带电动机的油箱　9—电控箱　10—刮板输送机

3. 综合机械化掘进工作面设备布置特点

综合机械化掘进工作面设备布置如图 1—5 所示，包括掘进机 1、桥式转载机 2、带式输送机 6、湿式除尘器 5 和吸尘软风筒 3 等配套设备，在煤巷和半煤岩巷掘进工作面完成四道掘进工序。

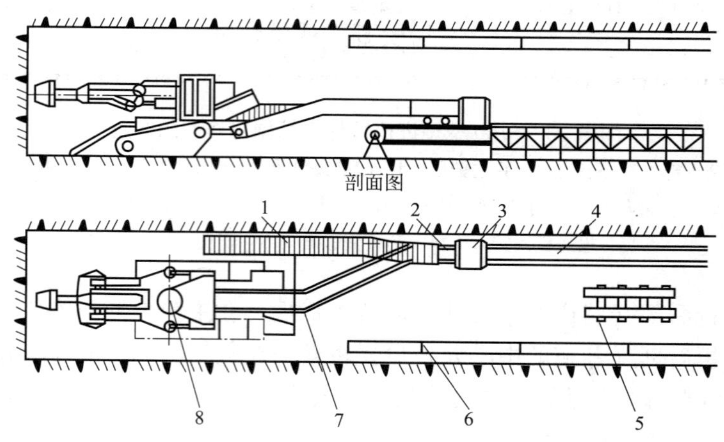

图 1—5　综合机械化掘进工作面设备布置

1—掘进机　2—桥式转载机　3—吸尘软风筒　4—可伸缩带式输送机外段机尾部
5—湿式除尘器　6—带式输送机　7—钢轨　8—压入式软风筒

掘进机 1 工作时，为了适应桥式转载机 2 与可伸缩带式输送机搭接长度的要求，可伸缩带式输送机外段机尾部 4 的长度必须能延长 12~15 m，以保证转载与运输的连续性，减少可

伸缩带式输送机拉伸胶带的次数，缩短辅助工时，加快掘进速度。

通风方法以压入式通风为主，靠近工作面一段用辅助抽出式通风的长压短抽方式。一般情况下，压入式风筒的安设位置偏向巷道的上侧，抽出式风筒的安设位置宜靠近巷道的下侧。这样既有利于防止压入风流吹起底板沉积的粉尘，又有利于抽出式风筒吸出沉积过程中的浮游粉尘。实践证明，将压入式风筒口和除尘风机吸尘口分别安设在距综掘工作面 2.2 m 和 3 m 处，可形成自上而下的压抽通风除尘系统，其通风除尘效果最佳。

三、综掘工作面开窝准备工作与掘进方法

综掘工作面在开窝时，是不能用掘进机的，一般采用炮掘，但它又与一般巷道炮掘工艺不一样，有它的特殊性。因此，为了快速、安全地开窝，必须采取特殊的措施和工艺。

掘进机械一般都要在地面试运转，然后分体装车下井，经过运输大巷把设备运到待安装地点，而这个待安装地点就是用炮掘的新巷道。新巷道新开窝时一般都是采用炮掘工艺掘进，在巷道掘到 15~20 m 后，把炮掘设备、用具撤出巷道，安装掘进机械设备，试运转后，开始用掘进机截割，这条巷道才能成为综掘工作面。

1. 开窝准备

（1）施工前，由施工单位区队长组织本区每位职工认真学习本综掘工作面的作业规程，熟练掌握规程要求和施工地点的避灾路线，并经考试合格后方可上岗，未学习或考试不合格者不得参加规程范围内的巷道施工。

（2）所有施工人员必须严格按《煤矿安全规程》、本岗位操作规程和作业规程的相关规定进行操作。

（3）巷道施工前，必须由安全生产部掘进组下达开窝通知单，并组织相关部门和单位进行现场会审，制定施工方案。

（4）巷道开窝时，必须严格按给定的开窝位置及中线（或规定层位）进行施工。

（5）巷道开窝前，必须编制施工措施，并传达到每位职工。

（6）巷道施工必须严格执行有关技术规定和质量标准，严格执行现场交接班制度，对验收不合格的工程要进行整改，直至工程合格，方可进行掘进。

（7）核心工种必须经过专门培训，考试合格后持证上岗。

（8）巷道开透窝要有专门措施，保护好开透窝处的电缆、电气设备和管线等设施，明确放炮警戒位置，且传达贯彻后方可施工。

（9）开工前，班组长严格执行先检查后工作和敲帮问顶制度，认真检查各种安全设施和工程质量情况后进行分工，并做到分工明确、责任到人，对现场存在的问题和安全隐患要先进行处理。

（10）开窝时，风、水、电必须接至掘进开窝地点，并调试正常。

2. 综掘工作面开窝时的掘进方法

（1）钻眼爆破法掘进煤巷

1）破煤方法。采用钻眼爆破法破煤时，由于煤巷一般断面复杂、煤质松软，故多采用楔形掏槽和锥形掏槽；当炮眼较深时，可采用复式水平楔形掏槽。当煤巷掘进断面内有松软

夹层时，掏槽眼宜布置在此软夹层内，可采用扇形或半楔形掏槽。掏槽眼的个数一般为三四个，倾斜角度为 70°~80°。断面较小时，可不设辅助眼。为防止爆破崩倒支架，掏槽眼应尽可能地靠近工作面的下部布置。煤巷掘进时的掏槽方式如图 1—6 所示。

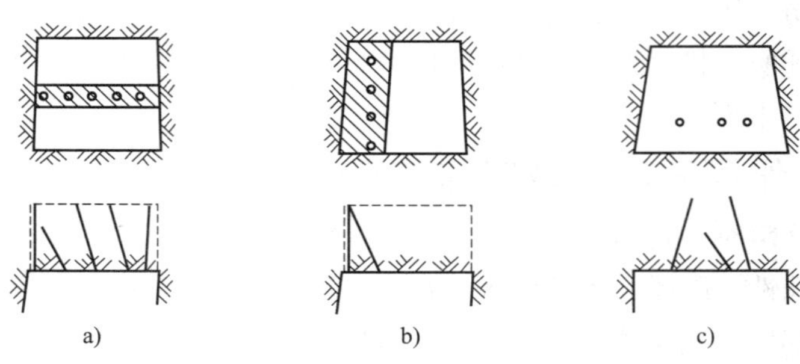

图 1—6　煤巷掘进时的掏槽方式

a）扇形掏槽　b）半楔形掏槽　c）复式掏槽

煤巷掘进时，炮眼深度一般为 1.5~2.5 m，除按工作组织决定炮眼深度以外，还应考虑爆破后围岩的稳定情况。炮眼的间距为 0.6~1.2 m。

在煤巷掘进中，同样要推广光面爆破和毫秒雷管全断面一次爆破。但在有瓦斯的煤层中，毫秒雷管的总延期时间不得超过 130 ms。由于煤层松软，采用光面爆破时，周边炮眼间距在硬煤中取 150~200 mm，在中硬煤中取 200~250 mm，在软煤中取 250~400 mm。周边炮眼的间距与最小抵抗线长度的比值一般为 1.1~1.3。在施工中要结合实际情况，得出合理的数据。同时，周边炮眼的装药量应适当减少，以避免超挖和破坏围岩。

2）装煤方法。在煤巷掘进施工中，装运煤工作相对是一项费时的主要工序。我国主要采用 ZMZ-17 型扒爪式装载机，另有采用耙斗式装载机和各种自制装载机械。

目前广泛使用的 ZMZ-17 型扒爪式装载机外形如图 1—7 所示。该机由扒爪、可弯曲刮板输送机和履带组成，生产能力为 50 t/h，履带行走速度为 17.5 m/min，其刮板输送机机尾部可左右回转 45°。机器外形尺寸（长×宽×高）为 6 315 mm×1 550 mm（1 390 mm）×2 200 mm（920 mm），质量为 4 t，适用于巷道断面面积大于 8 m^2，净高大于 1.6 m 的煤巷及坡度小于 10°的上、下山。

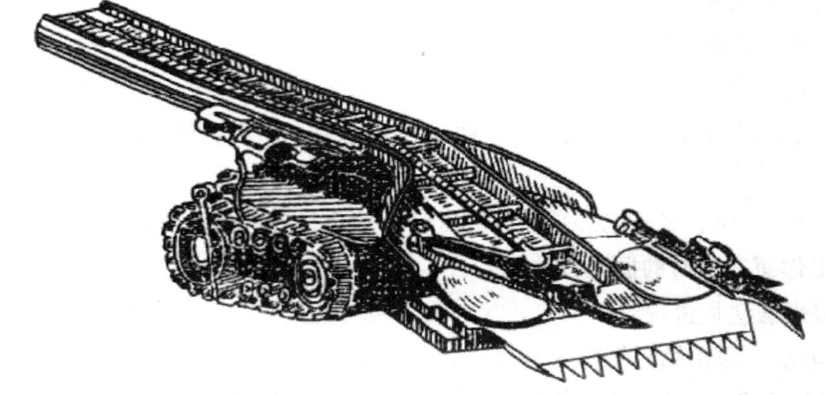

图 1—7　ZMZ-17 型扒爪式装载机外形

在煤巷和半煤岩巷断面面积较大时，可选用耙斗式装载机。另外，各矿自制的一些小型装煤机械使用效果也不错，不仅能减轻工人的劳动强度，而且比人工装车效率可提高几倍。

（2）煤巷炮掘工艺

1）炮掘施工的一般要求。煤巷掘进的传统方式是采用钻眼爆破法。这种方法虽然机械化程度低，但适用范围广，可用于各种地质条件下的施工，设备投入少，安装拆除灵活方便，准备时间短，所以目前在煤矿综掘工作面开窝时广泛使用。煤巷炮掘速度一般为200 m/月，个别矿井条件较好时，如顶板条件较好，人员数量、素质保证的情况下，掘进速度有时接近300 m/月。

①循环进尺根据围岩岩性确定。循环进尺一般为一到两排锚杆（或一到两棚架棚）的距离，通常为0.6~1.6 m，其长度应视围岩情况尤其是顶板情况及时改变。

②煤巷掘进的运输方式。一般采用刮板输送机或带式输送机等连续运输设备，极少采用矿车运输的方式。工作面出煤方式常采用耙装机—刮板输送机、耙装机—翻斗车（开门车）—刮板输送机、侧卸式装煤机—刮板输送机、人工攉煤—刮板输送机（刮板输送机紧跟到工作面）等几种。

③炮掘的施工顺序。交接班—安全质量检查、找线、准备工作—打工作面炮眼—装药、连线、放炮、通风—临时支护、出煤—打顶部锚杆和帮部锚杆—钉道、延长刮板输送机、清理（见表1—1）。下半班同上半班，每班2个循环，其他两班同一班，每天6个循环。

表1—1　　炮掘循环（上半班）

工　序	时间(min)	1	2	3	4
交接班	10				
安全质量检查、找线、准备工作	10				
打工作面炮眼	40				
装药、连线、放炮、通风	30				
临时支护、出煤	90				
打顶部锚杆和帮部锚杆	60				
钉道、延长刮板输送机、清理	平行作业				

2）多工序交叉平行作业。在煤巷锚杆支护工程中，为了使各道工序施工有条不紊，应按照锚杆支护巷道施工多工序交叉平行作业网络要求进行，如图1—8所示。影响锚杆支护施工速度和质量的原因很多，但是，钻眼爆破、锚杆钻孔和安装是锚杆支护巷道的三大主线工序，其他各工序都要围绕这个主线工序交叉平行作业。

打顶板锚杆眼、安装锚杆可与刷帮、打帮锚杆眼、安装锚杆平行作业。顶板锚索施工可在距掘进工作面10~30 m位置与掘进工作面钻进炮眼，以及安装帮、顶锚杆平行作业。其他辅助工序可同时平行安排。放炮后可先将掘进工作面7 m范围内的煤矸耙运到后方，使其达到方便锚杆安装的适当高度，以创造出煤与锚杆安装平行作业的条件。

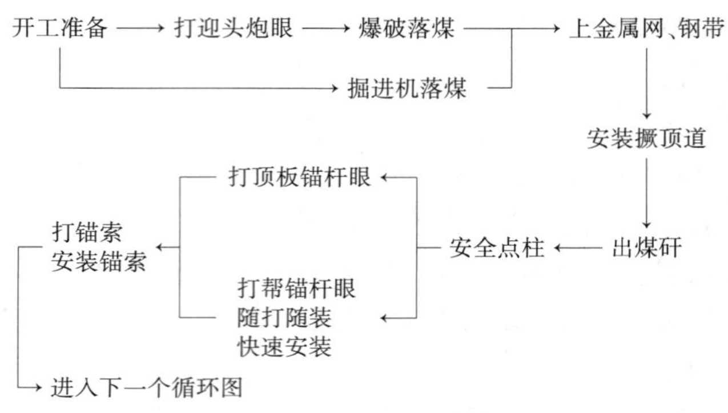

图 1—8　多工序交叉平行作业网络图

第二节　综掘工作面主要设备选型

综合机械化掘进工作面除由掘进机、转载机和运输设备完成落、装、转、运作业外，还需要配置辅助运输设备，以便运输支护材料和其他器材。为了创造一个良好的作业环境，需要设置通风和除尘设备，此外，还需要配备相应的供电和控制设备。为了实现安全生产，需要安设瓦斯断电仪等必要的安全装置。因此，根据综合机械化掘进工作面的地质条件和掘进工艺，对配套的单机进行合理选择并组成综合机械化掘进成套设备不仅十分必要，而且还可以为取得良好的经济效益创造有利的条件。

为了提高综合机械化掘进成套设备的可靠性，保证配套单机的最佳工况和协调工作，设备配套应遵循以下原则：

（1）配套单机的主要技术特征和参数必须满足掘进巷道的地质条件及巷道掘进工艺的要求。

（2）综合机械化掘进成套设备的综合生产能力，应以掘进机的生产能力为主要依据（掘进机的掘进速度经常受支护和转运设备的影响而不能连续工作），其他配套设备（桥式转载机、可伸缩带式输送机）的生产能力应稍高于掘进机的生产能力，但过高或偏低都会影响整套设备的协调工作。

（3）选择掘进机时，应把满足巷道断面和所截割煤（岩）的硬度要求作为主要依据。

掘进机的总体方案设计对于整机的性能起着决定性的作用。因此，根据掘进机的用途、作业情况及制造条件合理选择机型，并正确确定各部结构形式，对于实现整机的各项技术指标、保证掘进机的工作性能具有重要意义。掘进机工作机构的形式选择正确与否，对掘进机的工作性能影响最大，因此，必须认真选择掘进机工作机构的形式。

一、掘进机装载机构形式选择

掘进机装载机构可分为铲斗式、耙爪式、环形刮板链式、螺旋式和星轮式等，如图 1—9 所示。目前，煤巷掘进机和半煤岩巷掘进机中以耙爪式和星轮式应用最多，而岩巷掘进机中则多采用铲斗式。

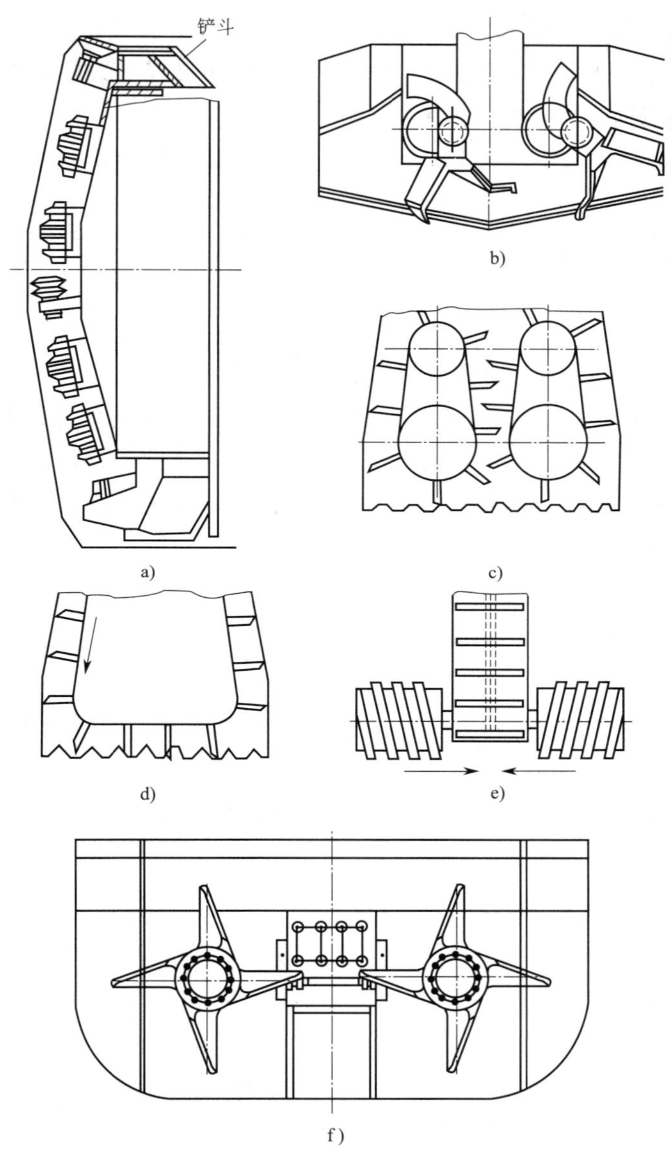

图 1—9　巷道掘进机的装载机构

a）铲斗式　b）耙爪式　c）双环形刮板链式　d）单环形刮板链式　e）螺旋式　f）星轮式

1. 铲斗式装载机构

铲斗式装载机构适用于全断面巷道掘进机，如图 1—9a 所示。掘进机工作时，安装在圆盘后端面上的铲斗随圆盘转动，在下部位置铲取被破碎的煤（岩）。当铲斗转到上部位置时，铲斗中的煤（岩）落入料槽，由带式输送机运至相应位置。

2. 耙爪式装载机构

耙爪式装载机构适用于部分断面巷道掘进机，与悬臂式工作机构配合使用，如图 1—9b 所示。这种装载方式是采用平面连杆机构中的曲柄摇杆机构或弧形导杆机构耙集并装载煤

（岩）的。为了扩大装载宽度，可在装载耙爪上安装副耙爪。

3. 环形刮板链式装载机构

这种装载机构又可分为双环形刮板链式装载机构和单环形刮板链式装载机构两种。

（1）双环形刮板链式装载机构

如图1—9c所示，它由两组并排的刮板链组成。两组悬臂刮板链相向旋转，将煤（岩）装入运输机构。

（2）单环形刮板链式装载机构

如图1—9d所示，它由一组环形刮板链组成。环形刮板链可将煤（岩）直接装载到机体后面的转载机上，一般称为大环形刮板链式装载机构；也有的将煤（岩）装载到掘进机的中间输送机构上，一般称为小环形刮板链式装载机构。

对于环形刮板链式装载机构，由于它采用单方向装载，在装载边易堆积煤（岩），从而造成卡链或断链事故。同时，由于链式机构磨损较大，功率消耗较大，使用效果不如耙爪式装载机构。但这种装载机构制造简单，能够利用目前常用输送机的通用零件。

4. 螺旋式装载机构

如图1—9e所示，这种装载机构是利用左、右两个旋向相反的螺旋滚筒，将煤（岩）推向中部的中间输送机构。这种装载机构目前很少应用。

5. 星轮式装载机构

如图1—9f所示，左、右星轮分别在低速大功率液压马达的驱动下做等速正、反向回转，星轮做圆周运动，耙装煤（岩）。

装载机构可以采用电动机驱动，也可以采用液压马达驱动，但考虑到工作环境潮湿、有泥水，选用液压马达驱动为好。

二、掘进机输送机构形式选择

综掘工作面掘进机多采用刮板链式输送机构。输送机构可采用联合驱动方式，即将电动机或液压马达和减速器布置在刮板输送机靠近机身一侧，在驱动装载机构的同时，间接地以输送机构机尾为主动轴带动刮板输送机工作。这样，传动系统中元件少、机构比较简单，但装载与输送机构二者运动相牵连，相互影响大，而且由于该位置空间较小，所以布置较困难。

输送机构也可以采用独立的驱动方式，即将电动机或液压马达布置在远离机器的一端，通过减速装置驱动输送机构。这种驱动方式的传动系统布置简单，与装载机构的运动互不影响。但由于传动装置和动力元件较多，故障点有所增加。

目前，这两种输送机构均有采用，设计时应酌情确定。一般常采用与装载机构相同的驱动方式。

三、掘进机行走机构形式选择

掘进机的行走机构有液压迈步式、导轨式、履带式和轮胎式等，其中轮胎式应用较少。

1. 液压迈步式

液压迈步式行走机构是利用液压迈步装置来工作的。它采用框架结构，使人员能自由进出工作面，并可越过装载机构到达机器的后面。它使用支撑装置，可起到掩护顶板、临时支护的作用。但由于向前推进时，支架反复交替地作用于顶板，而掘进机对顶板的稳定性要求较高，局限性较大，所以这种行走机构主要用于岩巷掘进机，在煤巷、半煤岩巷中也有应用。

2. 导轨式

导轨式行走机构将掘进机用导轨吊在巷道顶板上，躲开底板，达到冲击破碎岩石的目的，要求导轨具有较高的强度。这种行走机构广泛地应用于岩巷掘进机中，在煤巷、半煤岩巷掘进机中也有应用。

3. 履带式

履带式行走机构适用于底板不平或松软的条件，无须修路铺轨，具有牵引能力大、机动性能好、工作可靠、调动灵活和对底板适应性好等优点，但其结构复杂，且零部件磨损较严重。

履带式行走机构目前在煤巷、半煤岩巷掘进机中应用最广泛，具有调动速度快、机动性好、对底板比压小，以及不受顶、底板限制等优点。这种行走机构的缺点是受上、下山坡度的限制，而且横向稳定性差。

目前，部分断面掘进机通常采用履带式行走机构。由于其工作环境差，用电动机驱动易受潮烧毁，最好选用液压马达驱动。

在岩巷掘进机中，机器的行走是通过一对水平支撑油缸撑紧于巷道侧壁，由水平支撑机构铰接的推进油缸将活塞杆伸出，带动机体前进来实现的。机体前进后，缩回水平支撑油缸，再由推进油缸以机体为支点将活塞杆缩回，带动水平支撑机构前进，完成一次迈步循环。

在煤巷与半煤岩巷掘进机中，液压迈步式行走机构的工作原理与回采工作面液压迈步支架的原理相同。与双作用式推进油缸相铰接的机架与支架互为支撑，交替向前移动，达到掘进机行走的目的，因此称为液压迈步式行走机构。

借助于液压迈步系统，掘进机可在走向倾斜和横向倾斜较大的工况下使用。机器的支撑装置起到了掩护顶板临时支护的作用。

四、掘进机工作机构形式选择

1. 按掘进机机构形式分类

按机构形式不同，掘进机的工作机构可分为截链式、圆盘铣削式和悬臂截割式等。悬臂截割式掘进机机体灵活、体积较小，可截出各种形状和断面的巷道，并能实现选择性截割，而且截割效果好，掘进速度较高。所以，现在主要采用悬臂截割式工作机构，并已成为当前掘进机工作机构的一种基本形式。

2. 按工作机构截割头布置方式分类

按截割头布置方式不同，掘进机工作机构可分为纵轴式和横轴式两种。纵轴式截割头传动方便、结构紧凑，能截出任意形状的断面，易于获得较为平整的断面，有利于采用内伸缩悬臂，可挖柱窝或水沟。截割头的形状有圆柱形、圆锥形和圆锥加圆柱形。由于后两种截割头利于钻进，且截割表面较平整，故使用较多。纵轴式截割头的缺点是横向摆动截割时的反作用力不通过机器中心，与悬臂形成的力矩使掘进机产生较大的振动，故稳定性较差。因此，在煤巷掘进时，需加大机身自重或装设辅助支撑装置。

横轴式截割头分滚筒形、圆盘形、抛物线形和半球形几种。这种掘进机截齿的截割方向比较合理，破落煤（岩）较省力，排屑较方便。由于截深较小，所以截割与装载情况较好，纵向截割时稳定性较好。缺点是传动装置较复杂，在切入工作面时需左右摆动，不如纵轴式工作机构使用方便。而且，因为截割头较长，对掘进断面形状有限制，难以获得较平整的侧壁。这种掘进机多使用抛物线形或半球形截割头。

由于工作机构的载荷变化范围大、驱动功率大、过坚硬岩石时短期过载运转、有冲击载荷、振动较大，所以要求其传动装置体积小，最好能调速。考虑到掘进机工作时，截割头不仅要具有一定的转矩和转速以截割煤（岩），而且要能上、下、左、右摆动，以掘出整个断面，掘进机工作机构一般都采用单机驱动。虽然液压传动具有体积小、调速方便等优点，但由于其对冲击载荷很敏感，元件不能承受较大的短时过载，所以一般选择过载能力较大的电动机驱动。

3. 按工作机构截割头形状分类

（1）螺旋式

如图 1—10a 所示，在工作机构悬臂上装有圆锥形、半球形螺旋钻削式截割头，在截割头上按截线沿螺旋形叶片排列截齿。掘进时，先将旋转的截割头伸入煤或软岩 400～800 mm 的深度（根据煤或软岩的硬度决定），然后循环地沿工作面摆动截割臂，即可掘出所要求的巷道断面。

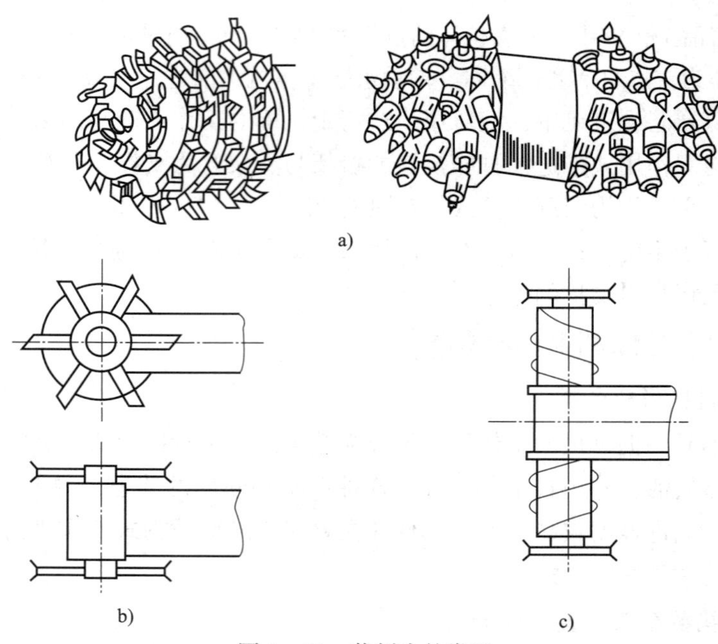

图 1—10　截割头的类型

a）螺旋式　b）铣盘式　c）滚筒式

（2）铣盘式

如图 1—10b 所示，这种截割头利用对称地安装在悬臂上的一对截割铣盘来破碎煤或软岩。工作时，铣盘轴垂直于工作面旋转，面向工作面推进，在悬臂摆动的同时掘出所要求的巷道断面。

（3）滚筒式

如图 1—10c 所示，在工作悬臂的端部两侧各安装一个绕水平轴线转动的螺旋滚筒，其上安装截齿。为保证悬臂受力均衡，两个滚筒的螺旋方向应当相反。掘进机开始工作时，先将悬臂升到最高位置，使其滚筒旋转并给滚筒一个推进力，当截深达到一定数值后（一般略小于滚筒直径）停止推进。此时悬臂开始向下摆动，截割至巷道底板，即可掘出所要求的巷道高度。如果截割宽度不够，可分别向两侧摆动悬臂，循环地进行截割，即可掘出所要求的巷道断面。

（4）综合式

为减少破碎煤或岩石时的能耗，有些掘进机装有不同形式的工作机构。工作时在巷道断面上先截出不同形状的沟槽，然后将留存的岩梁折断截落，以达到低耗、高效的目的。

第三节　综掘工作面配套设备选型

掘进机械主要部件的选型固然重要，但对掘进机械配套设备的选型也不能轻视。综掘配套设备一般包括转载机、除尘装置、喷雾洒水装置和后续运输设备。后续运输设备类型的选用一般应根据矿井的运输系统和经济实力综合考虑确定，可选用刮板输送机、带式输送机、矿车等作为掘进机的后续运输设备。为了安全和能发挥掘进机的最大效能，选好转载机的类型更为重要。

一、掘进机除尘装置选择

掘进机的除尘方式有喷雾式和抽出式两种。

1. 喷雾式

喷雾式除尘是指用喷嘴把具有一定压力的水高度扩散、雾化，使粉尘附在雾状水珠表面沉降下来，达到灭尘效果。这种除尘方式有以下两种：

（1）外喷雾除尘

外喷雾除尘是在工作机构的悬臂上装设喷嘴，向截割头喷射压力水，将截割头包围进行除尘。这种方式的优点是结构简单、工作可靠、使用寿命长；缺点是喷嘴距粉尘源较远，粉尘容易扩散，除尘效果较差。

（2）内喷雾除尘

内喷雾除尘是指喷嘴在截割头上按螺旋线布置，压力水对着截齿喷射。优点是喷嘴距截齿近，除尘效果好，耗水量少，稀释瓦斯、冷却截齿和扑灭火花的效果也较好；缺点是喷嘴容易堵塞和损坏，供水管路复杂，活动连接处密封较困难。为提高除尘效果，一般采用内、外喷雾相结合的办法，并且和截割电动机、液压系统的冷却要求结合起来考虑，将冷却水由喷嘴喷出除尘。

2. 抽出式

抽出式除尘装置中，常用的除尘装置是集尘器。设计掘进机时，应根据掘进机的技术条件选择集尘器。为提高除尘效果，可采用两级净化除尘。由于集尘器跟随掘进机移动，风机的噪声很大，应安装消声装置。抽出式除尘装置除尘效果好，但因设备增多，使工作面空间减小。近年来，除尘装置有向抽出式和喷雾式联合并用方向发展的趋势。

二、掘进机转载机构选择

1. 掘进机转载机构布置方式

掘进机的转载机构有两种布置方式：一是作为机器的一部分，二是作为机器的配套设备。目前，多采用带式输送机。

2. 胶带转载机构传动方式

胶带转载机构传动方式有 3 种：

（1）用液压马达直接驱动或通过减速器驱动机尾主动卷筒。

（2）由电动卷筒驱动主动卷筒。

（3）利用电动机通过减速器驱动主动卷筒。

为使卸载端作上、下、左、右摆动，一般将转载机构机尾安装在掘进机尾部的回转台托架上，可用人力或液压缸使其绕回转台中心摆动，达到摆角要求。同时，通过升降液压缸使其绕机尾铰接中心做升降动作，以达到卸载的调高范围。

转载机构应采用单机驱动，可选用电动机或液压马达。

三、综掘工作面作业线选择

煤巷施工中采用掘进机掘进时，要求各工序所用设备的生产能力基本平衡，相互适应，形成一条完整的机械化施工作业线，才能保证施工获得持续的高速度和高效率。在煤巷施工中，常用的机械化作业线有以下两种。

1. 煤巷掘进机—转运设备组成的机械化作业线

这类作业线是以煤巷掘进机为主体，配备与其能力相适应的转运设备。根据配备的转运设备不同，又可分为煤巷掘进机—刮板输送机作业线和煤巷掘进机—仓式列车作业线。

（1）煤巷掘进机—刮板输送机作业线

煤巷掘进机—刮板输送机作业线主要由掘进机和刮板输送机组成。掘进机截割头割下的煤（岩），经转载机构、带式输送机转入下面的刮板输送机，再经刮板输送机送入煤仓或与之相衔接的其他输送机上。这样可保证将煤连续运出。掘进机向前推进一段距离后，刮板输送机便可在停机支护的时间内接长一段。

只要割煤和运输配合得当，这种作业线的掘进速度很快，但要加强辅助工作，如向工作面运送材料等，以免频繁停机。

（2）煤巷掘进机—仓式列车作业线

该作业线主要由掘进机、仓式列车和防爆电机车（或牵引绞车）等组成。掘进机截割头割下的煤（岩），经转载机构、带式输送机卸入仓式列车，然后牵引至卸载地点卸载。当运距较长时，这种作业线不宜采用牵引绞车，否则就会影响掘进机效能的发挥。

2. 装煤机—转、运设备组成的机械化作业线

这类作业线是指在掘进时仍采用钻眼爆破法，但采用装煤机进行装煤，并配备与之能力相适应的转运设备，如装煤机—刮板输送机（或带式输送机）、装煤机—桥式转载机—矿车机械化装运作业线等。这类机械化作业线与岩巷施工的装运作业线相似。

第四节 综掘工作面设备运输与安装技术

掘进机下井时，一般必须拆卸成几部分，然后装车运到工作面进行安装。为确保运输安全、设备安全，以及在安装时的方便，除在运输过程中要采取安全措施外，还要在装车过程中把掘进机的部件有效地固定在矿车上。为了安装方便，还要对矿车进行编号，按顺序运输。在条件允许时，掘进机应尽量整机下井。

一、综掘工作面主要设备井下运输技术

综掘工作面主要设备必须在地面试运转后才能下井。为使综掘工作面主要设备安全、顺利地到达井下工作面的安装地点，需对其进行地面运输、拆卸、装车、井筒运输、井下卸车、组装等一系列工序。

1. 掘进机主要设备捆绑要求和捆绑技术

（1）捆绑要求

1）1 t 以下设备和材料等可用 8 号铁丝对折成 4 股进行捆绑，捆绑不少于 4 道。

2）1~3 t 设备和材料捆绑时，使用 ϕ12.5 mm 钢丝绳。

3）3 t 以上设备和材料捆绑时，使用 ϕ15.5 mm 钢丝绳与运送车辆捆绑的方式，确保运输过程中遇上、下山时，物件与车辆间不发生相对位移。

所有上述设备和材料的捆绑均不得少于两道。

4）捆绑钢丝绳时要使用专用工具进行钢丝绳的拉紧工序，捆绑必须牢固。捆绑所使用的铁丝、钢丝绳与设备、材料和车辆轮廓棱角的接触点，必须加设衬垫。

5）钢丝绳拉紧后，需用与所使用钢丝绳型号相匹配的绳卡对其进行连接。安装绳卡时，必须使用扳手拧紧至钢丝绳变形为合格。

（2）捆绑技术

1）根据机件的外形尺寸和质量选用相应的平板车，重型部件必须采用起重机吊装。机件的中心要与平板车的中心重合，不得超宽、超高。必须由有经验的人员进行装车与捆绑工作，运送前要有专人复查捆绑情况。

2）主机与平板车固定时，采用 ϕ15.5 mm 的钢丝绳扣或 40D 刮板输送机的刮板链条前后两道捆绑装车，捆绑必须绞紧上紧，保证各股丝受力均匀。捆绑过程中，在掘进机受力点要用垫片垫紧加厚，防止勒伤、刮伤掘进机。

3）装车时，根据实际情况，对各部件选用横向或竖向装车。

4）捆绑时，各机件的外露配合面、突出棱角和精密件要加以保护，防止运输过程中碰损或出现意外。要保证其重心与平板车重心相重合，并向钢丝绳钩头侧偏移 100 mm。

◎ 相关案例

S100 型掘进机机体捆绑方法

S100 型掘进机较大的机件是机体，在 3 t 平板车上的捆绑方法如下。

1. 加垫

S100 型掘进机本体前部有四个轴耳伸出底外，为了把机体放平，在平板车上先放置两根方木 7，将机体放置在方木上，如图 1—11a 所示。

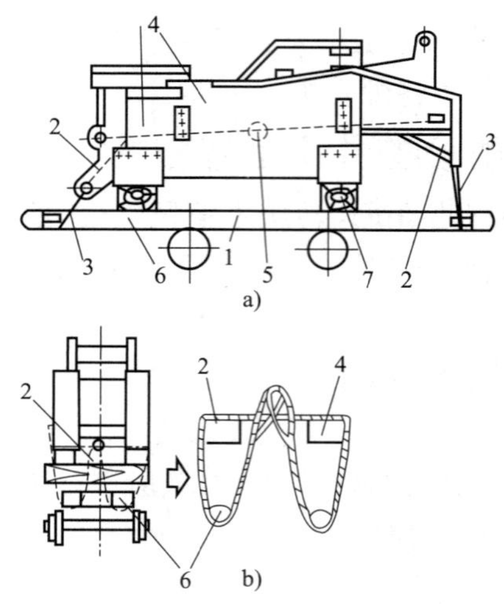

图 1—11　S100 型掘进机机体的捆绑方法

a）将机体放置在方木上　b）缠绕的方法

1—3 t 平板车　2—钢丝绳扣　3—镀锌低碳钢丝　4—机体　5—链式起重机　6—平板车碰头　7—方木

2. 用钢丝捆牢

在机体两端分别用直径 3.5 mm 的镀锌低碳钢丝 3 与矿车捆牢。

3. 用钢丝绳扣拉紧

在机体两端分别用钢丝绳扣 2 与平板车碰头 6 缠绕在一起，缠绕的方法如图 1—11b 所示。然后将两钢丝绳扣头并在一起，用反正扣丝杆或链式起重机 5 将两端钢丝绳扣头拉紧。

2. 掘进机解体顺序

掘进机下井安装时，必须在地面先将其解体，再运输到安装地点。如何将掘进机进行解体，一般取决于多种因素，这些因素包括井筒尺寸、巷道尺寸，以及提升设备的安全提升负载等。

掘进机一般有两种解体方式：

（1）提升设备及巷道断面条件允许时，掘进机可解体为 4 部分，即截割部、铲板部、第一输送机和其余部分（包括本体部、行走部、后支撑部、液压系统等部件）。

（2）提升设备、巷道断面条件不允许，或者立井条件下运输时，掘进机一般分成 17 个部件，如图 1—12 所示。以 EBZ160 型掘进机为例，通常掘进机解体顺序见表 1—2。

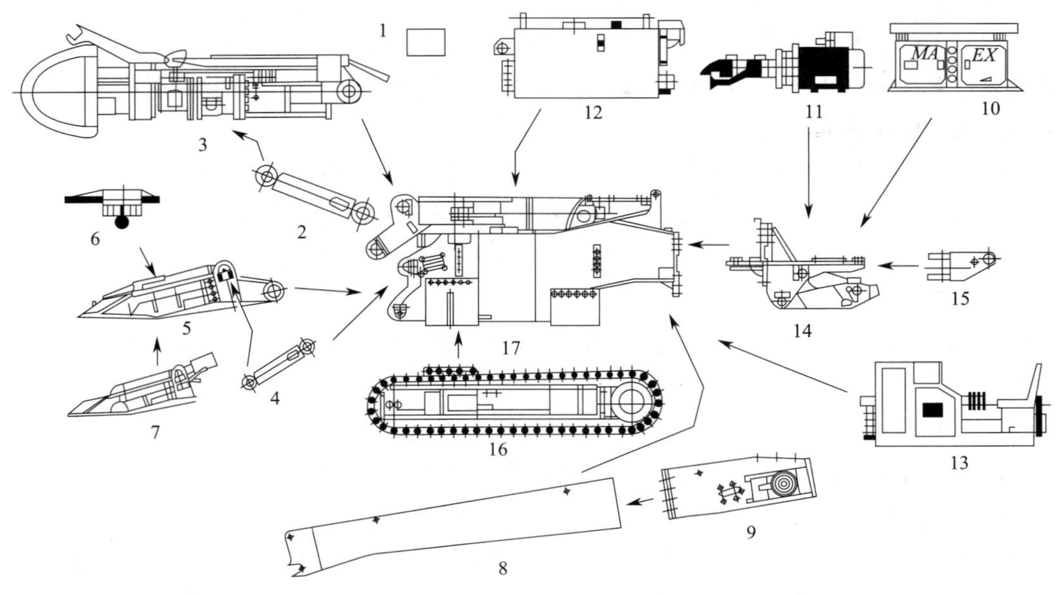

图 1—12　掘进机解体方式

1—各类盖板　2—截割升降油缸　3—截割部　4—铲板升降油缸　5—主铲板　6—铲板驱动装置　7—侧铲板　8—第一部输送机前溜槽　9—第一部输送机后溜槽　10—电控箱　11—泵站　12—油箱　13—操作台　14—后支撑部　15—第二部输送机连接架　16—行走部　17—本体部

表 1—2　**EBZ160 型掘进机解体顺序**

序号	部件名称	解体顺序	运输顺序	序号	部件名称	解体顺序	运输顺序
1	各类盖板	1	17	10	电控箱	10	16
2	截割升降油缸	2	5	11	泵站	11	15
3	截割部	3	1	12	油箱	12	14
4	铲板升降油缸	4	6	13	操作台	13	13
5	主铲板	5	2	14	后支撑部	14	9
6	铲板驱动装置	6	4	15	第二部输送机连接架	15	10
7	侧铲板	7	3	16	行走部	16	8
8	第一部输送机前溜槽	8	11	17	本体部	17	7
9	第一部输送机后溜槽	9	12				

3. 掘进机分体运输及注意事项

（1）运输顺序

掘进机部件运输顺序为：截割部→铲板部→本体部→行走部→后支撑部刮板输送机→操作台→油箱总成→泵站→电控箱→各类盖板。

（2）斜井运输

1）小绞车司机和提升机司机必须持证上岗，并严格按操作规程要求作业。

2）小绞车及提升机挂车数量必须符合相关规定。

3）运输前，由跟车工及施工人员对沿途的安全设施进行检查，清除杂物；由专职值班电工对小绞车的状况、性能进行全面检查，保证小绞车性能符合运送条件；对小绞车的提升钢丝绳进行全面细致检查，如果发现断丝、锈蚀严重应及时更换；运输物件时必须检查小绞车信号，确保信号清晰、灵敏、可靠。

4）掘进机大件运输过风门时，必须注意对风门的保护，不得损坏风门。

5）运送物件时，跟车工不得跟在车辆两旁，需在车辆后 5 m 以外。

6）运输至斜井坡底处时，查看捆绑的钢丝绳是否松动，如果有松动必须及时紧固。

（3）平巷运输

1）无极绳绞车司机、小绞车司机和电机车司机须持证上岗，并严格按操作规程要求标准作业。

2）必须由跟班副队长及专职值班电工对无极绳绞车、小绞车的状况、性能进行全面检查，保证绞车性能符合运送条件；对绞车的提升钢丝绳进行全面、细致检查，如果发现断丝、锈蚀严重，应及时更换；运输物件时必须检查绞车信号，确保信号清晰、灵敏、可靠。

3）运输时，矿车与电机车、无极绳绞车、梭车之间必须使用专用销子及硬连接装置连接可靠，由跟车工检查连接情况，确保安全无隐患后方可发出开车信号。绞车运转时，严禁用手或脚拨动钢丝绳或处理绞车运转部件。

4）运送重车时，无极绳绞车启用低速运行，严禁高速运行。

5）无极绳绞车及电机车挂车数量必须符合相关规定。

6）过风门时，应注意对风门及巷道所挂电缆、管道的保护，不得损坏风门。

（4）起吊卸车及安装起吊

1）进行设备安装时，必须设有施工负责人和安全负责人，明确责任，具体到人，负责到底。

2）施工作业中，坚持“安全第一”，坚决杜绝危险蛮干。当安全与生产发生矛盾时，生产必须服从安全。

3）安装现场必须严格进行通风、瓦斯检测管理。

4）安装起吊前，必须认真检查作业地点的顶板情况，并严格执行“敲帮问顶”制度，确认无隐患方可作业。

5）起吊大件时，检查起吊点，保证支护完好，起吊点牢固。认真检查起吊工具，保证能正常使用。

6）起吊物件离地约 50 mm 后，试验其稳定可靠性，确保无误后方可继续工作。

7）使用手拉葫芦之前，应事先检查好吨位是否合适，大小轮、逆止装置是否齐全、完好。使用手拉葫芦起吊重物时，首先应检查起吊点的强度和稳定性。

8）起吊或下落物件时，要慢速控制拉链，以防拉链打滑，工件突然下落，起吊重物须悬空停留时，要将小链牢固拴在大链上，并严密注视各连接处和受力处。

9）起吊大件时，为防起吊时坠地，大件下面要放枕木。起吊时或起吊后，下面不准站人或进行其他工作，若需进行设备的摆正、转动等工作，需用绳拉或用长柄工具推。其余人员站在安全地点，并看好退路，工作时，留专人观察顶板情况，发现问题及时撤人。

10）起吊重物时，非工作人员必须远离重物 2 m 以外。

11）起吊钢丝绳套用 ϕ15. 5 mm 的锚链或专用锚链。

12）严禁超载起吊，单根锚杆垂直起吊不超过 3. 0 t，超过 3. 0 t 的部件采用双锚杆或两个手拉葫芦进行起吊。

13）备有一定数量的枕木、垫木，把机器垫平，防止受力后突然倾翻。

二、综掘工作面设备布置方式

1. 掘进工作面主要吊装设施

井下安装掘进机的场所，其高度与宽度都不应小于 3 m。组装好后的掘进机长度约为 9. 3 m，要求组装区的长度约为 30 m。巷道较小时应掘凿安装硐室，以便安装时在各部件的前后端留出一定的空间。

吊装设施的布置方法可根据设备和巷道情况而定，吊梁既可采用钢管，也可用重型钢轨。如图 1—13 所示是采用 3 条钢管的吊装设施布置方式，中间使用直径 150 mm、长 3 m 的钢管 3 根（总长 9 m），用特制的卡子固定在巷道的棚梁上，用以悬挂 5 t 链式起重机；两侧用直径 100 mm、长 3 m 的钢管，用以悬挂 2 t 链式起重机。

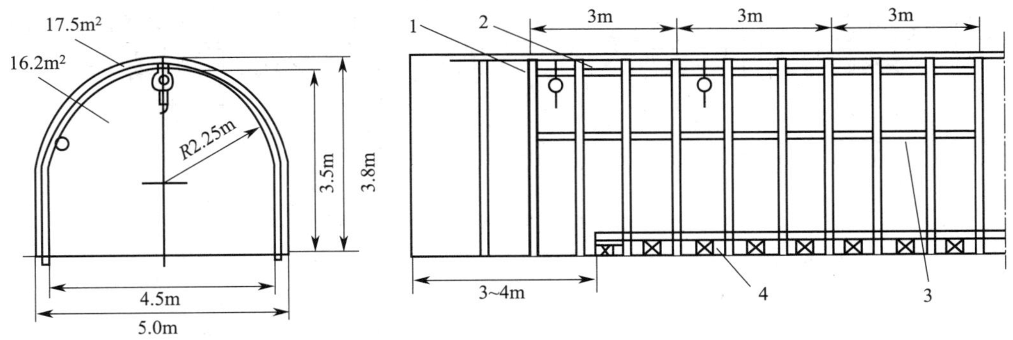

图 1—13　使用链式起重机安装掘进机工作面的布置设施

1—链式起重机　2—ϕ150 mm 钢管　3—ϕ100 mm 钢管　4—轨道

2. 掘进机布置方式

掘进机在工作面的布置如图 1—14 所示。

掘进机各主要部件在工作面安装地点的布置位置就是卸车时部件应当存放的位置。这个问题在地面拆卸、装车、运输时应周密考虑，即先安装的部件应先卸车。截割头在机器的最前部，应布置在工作面最前端，然后以本体部为主，其他各部件布置在它的周围。在卸机架时应将轨道撤除，以便在底板上组装掘进机。第一输送机和转载机最后安装，可以不用卸车，待安装时直接卸装到机架上。EBZ100 型掘进机部件在工作面的布置如图 1—15 所示。

3. 综掘工作面设备作业线布置方式

综掘工作面设备作业线布置方式如图 1—16 所示。

图 1—14 掘进机在工作面的布置

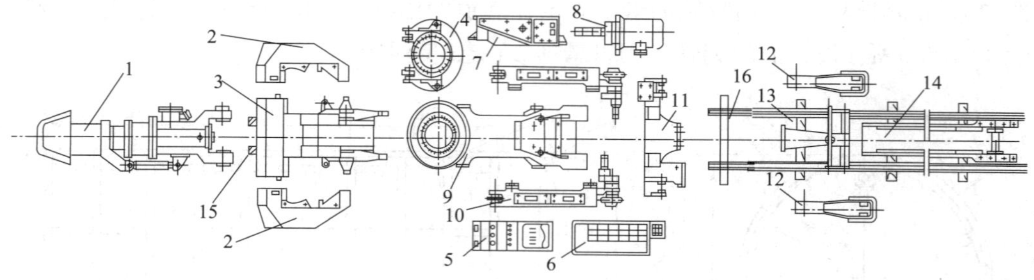

图 1—15 EBZ100 型掘进机部件在工作面的布置

1—截割部 2—侧铲板 3—主铲板 4—回转台 5—操作台 6—电控箱 7—油箱 8—液压泵及电动机 9—本体部 10—履带架 11—后支撑连接架 12—后支撑座 13—第二输送机回转台 14—第一输送机 15—轨枕 16—轨道

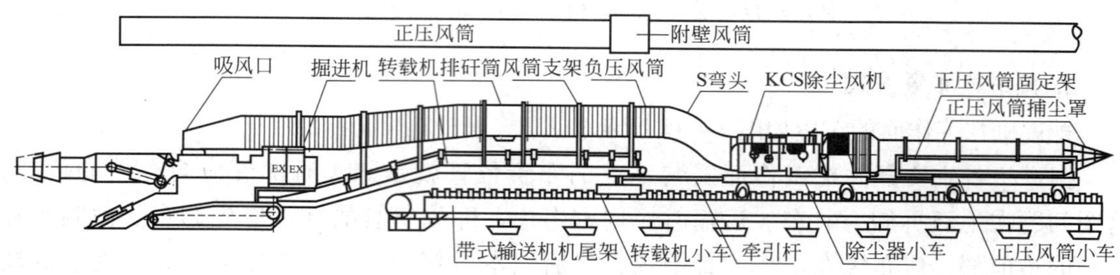

图 1—16 综掘工作面设备作业线布置方式

三、综掘工作面主要设备安装

1. 安装前准备工作

（1）安装工具准备

10 t 手拉葫芦 1 个、5 t 手拉葫芦 2 个、3 t 手拉葫芦 1 个、26 件套重型套筒一套、螺栓润滑剂 10 瓶、ϕ12.5 mm 钢丝绳 100 m、ϕ15.5 mm 钢丝绳 100 m、ϕ12.5 mm 和 ϕ15.5 mm 绳卡子各 50 个、15 环锚链 20 条、大锤、撬棍等。

（2）安装现场确认

安装施工前要对安装现场进行确认，确认无安全隐患后方可进入，确保安装人员的安全，组织人员清理现场杂物，保证顺利安装。

（3）安装现场设备、设施要求

安装前将安装地点 20 m 范围内整理平整且安设轨道，安装回柱绞车（20 kW），然后根据现场实际情况在选好的起吊位置打专用起吊锚杆及锚索，起吊锚杆采用 ϕ20 mm×2.2 m 的左旋螺纹钢锚杆，锚索采用 ϕ17.8 mm×4.3 m 的钢绞线且成对使用，以防失效。

（4）安装现场检查

运输掘进机前必须由机电技术副队长对无极绳绞车及 25 kW 绞车进行安全检查，对所经路线进行清理除障，对轨道进行检查，发现问题及时进行处理，以防在运送过程中出现掉道。

（5）安装人员要求

施工负责人和施工人员必须先熟悉设备构造和安装顺序，以及有关图样和技术资料，便于运输和安装。

（6）安装前的准备工作

1）掘进机必须在吊装间进行组装，吊装间用来起吊重物的锚杆在起吊前必须进行拉力试验，以确保锚杆的受力效果满足设计要求。

2）综掘队机电人员负责按规定要求安装好起吊滑道和起吊梁，为卸车和安装设备创造条件。

3）组装前，将为掘进机供电用的移动变压器安装好并试运行。

4）组装前，将安装地点 30 m 范围内巷道的浮煤、浮矸及杂物清理干净，同时要备有一定数量的方木和衬板。

2. 安装要求

（1）各设备安装时，各部件螺钉必须齐全紧固，机电设备必须按完好标准安装，严禁失爆。

（2）连接部件的接合面必须完全清洁，无损坏。为防止腐蚀，螺钉拧紧前必须涂上润滑脂，螺钉孔和螺钉必须用油清洗干净。

（3）施工人员要爱护并保护好施工点附近的电缆、管线、风筒及电气设备，严防损坏。

（4）安装顺序与运输顺序一致，掘进机的各个部件必须严格按照说明书上的具体步骤进行组装。

（5）安装时必须严格按照相关规定并结合实际进行组装，不得蛮干。

3. 掘进机安装顺序

由于现场安装工作的实际需要，掘进机实际安装过程中，其安装顺序与卸车顺序略有不同，有的先卸车后安装，有的边卸车边安装，其目的是便于安装。掘进机各组件的安装顺序见表 1—3。

表 1—3 掘进机各部件安装顺序

安装顺序	安装部件名称	处理方式	安装顺序	安装部件名称	处理方式
1	本体部	边卸车边安装	8	操作台	边卸车边安装
2	履带部（左、右）	边卸车边安装	9	液压系统部件	边卸车边安装
3	后支撑部	边卸车边安装	10	油箱	边卸车边安装
4	铲板中心部	边卸车边安装	11	电控箱	边卸车边安装
5	铲板两侧部分	边卸车边安装	12	截割部	边卸车边安装
6	第一部输送机	边卸车边安装	13	第二部输送机	边卸车边安装
7	第二部输送机回转部	边卸车边安装	14	各类盖板	边卸车边安装

4. 掘进机安装过程与方法

以 EBZ160 型掘进机为例，介绍掘进机的安装过程与方法。

（1）本体部和履带部安装方法

1）利用截割部机架销孔部和本体后部的销孔部作为起吊位置，用钢丝绳将本体部吊起。

2）用枕木将本体部垫起，使其由底板距履带部的安装面距离大于 370 mm，如图 1—17 所示。本体部应放平、放正。

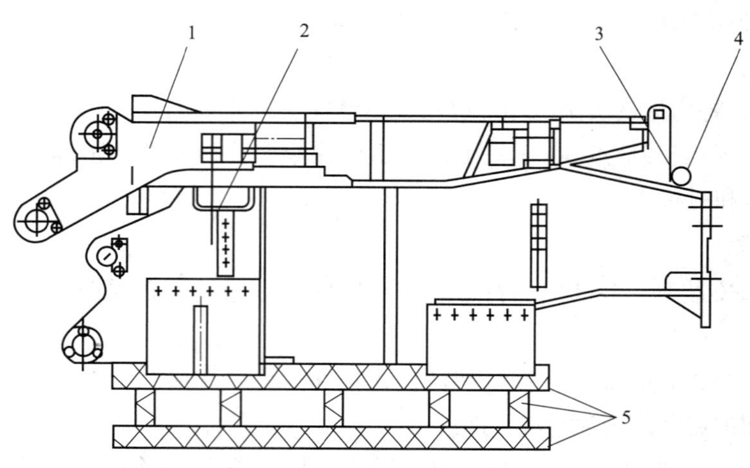

图 1—17 EBZ160 型掘进机本体部的安装

1—本体部（总重 8.6 t） 2、3—钢丝绳 4—吊钩 5—枕木

3）用钢丝绳将一侧的履带部吊起，与本体部相连接，紧固力矩达到规定要求。

4）用枕木等物垫在已装好的履带下面，以防侧翻。

5）用相同的方法安装另一侧履带。

6）两侧履带连接完后，用同样的方法将本体部吊起，抽出其下方的枕木等物，如图 1—18 所示。

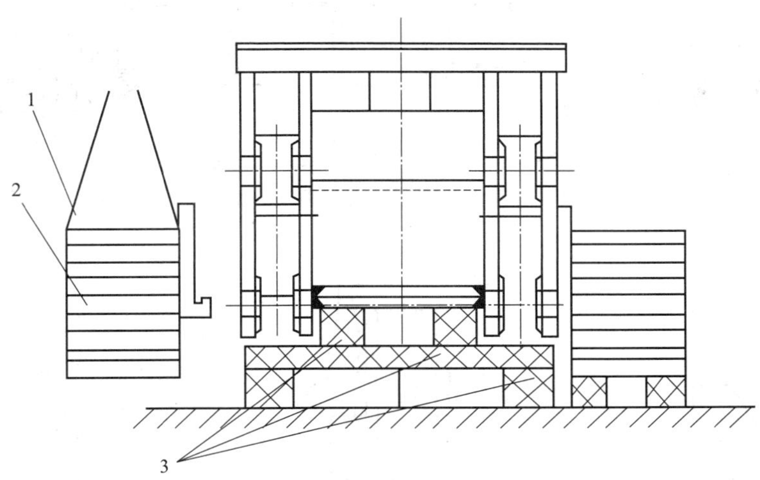

图 1—18　EBZ160 型掘进机履带部的安装

1—钢丝绳　2—履带部　3—枕木

7）紧固螺栓后，再用钢丝对螺栓进行防松处理。

（2）后支撑部安装方法

起吊后支撑部与本体部的后部连接，紧固连接螺栓，连接螺栓的紧固力矩达到规定要求，如图 1—19 所示。

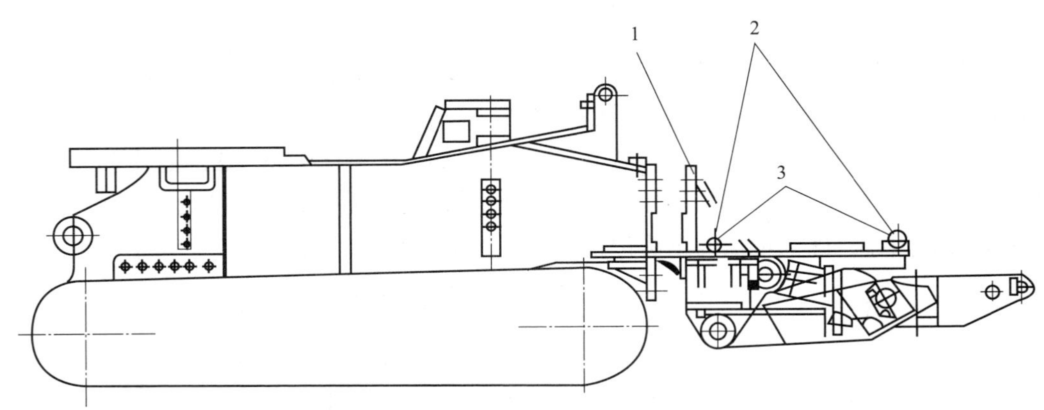

图 1—19　EBZ160 型掘进机后支撑部的安装

1—后支撑部　2—钢丝绳　3—吊环

（3）铲板部安装方法

1）用钢丝绳将铲板中心部（主铲板）吊起，与本体部的机架用销轴相连接，如图 1—20 所示。

2）安装铲板升降用的液压缸。对于 EBZ160 型掘进机的装配：

①用 M20 吊环分别将左、右副铲板吊装到主铲板两侧，如图 1—21 所示。

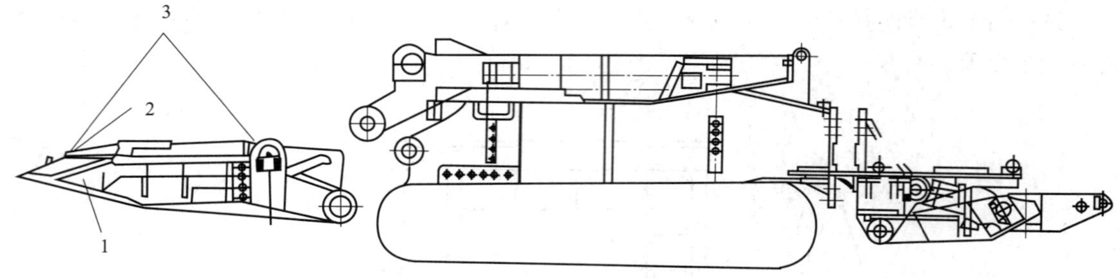

图 1—20　EBZ160 型掘进机铲板中心部安装方法

1—铲板部　2—吊环　3—钢丝绳

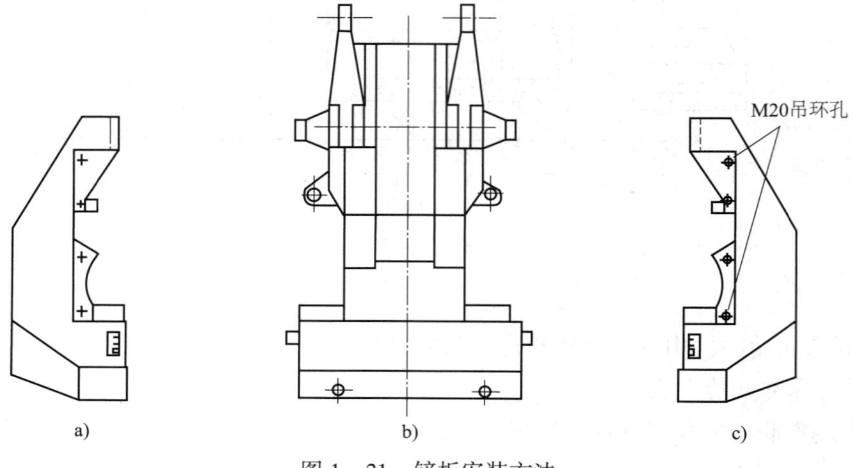

图 1—21　铲板安装方法

a）左副铲板　b）主铲板　c）右副铲板

②安装铲板两侧部分。注意这时不要把铲板的两侧部分紧固，应与铲板中心部分保持 20 mm 以上的间隙，为安装左、右耙爪创造条件。

③安装左、右两个耙爪。需要注意的是，右耙爪是用一个液压马达通过中间轴驱动的，因此，如果装配方法不对，则会造成两个耙爪相互碰撞，应按如图 1—22 所示位置进行装配。转动偏心圆盘，确认耙爪的正确位置后，再连接中间传动轴。

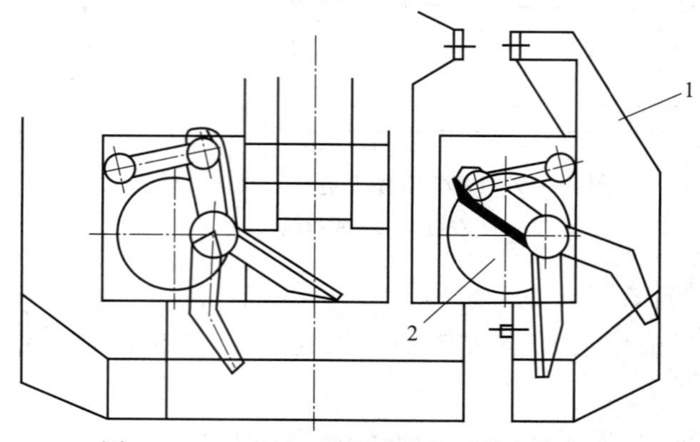

图 1—22　EBZ160 型掘进机耙爪的安装方法

1—铲板　2—耙爪圆盘

最后紧固各连接螺栓。安装完后，使铲板的前端与底板接地，或者在铲板前端垫上枕木。

（4）第一部输送机安装方法

1）用钢丝绳将第一部输送机吊起，从后方插入本体机架内，如图1—23所示。

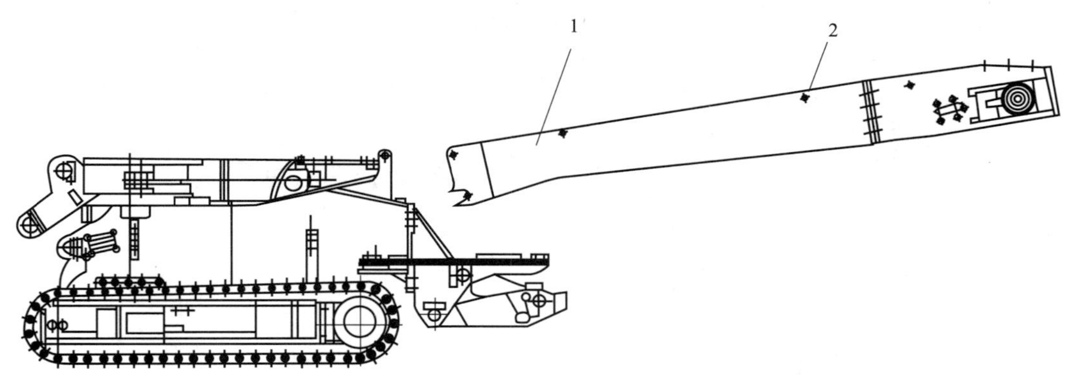

图1—23　EBZ160型掘进机第一部输送机的安装方法

1—第一部输送机　2—钢丝绳

2）安装链条时，将链条的一端由下部向前引入，在从动轮处反向后接好链条。

3）刮板链安装后，用如图1—24所示的张紧丝杠来调整刮板链链条的张紧度，链条的缓冲力由弹簧座来吸收。

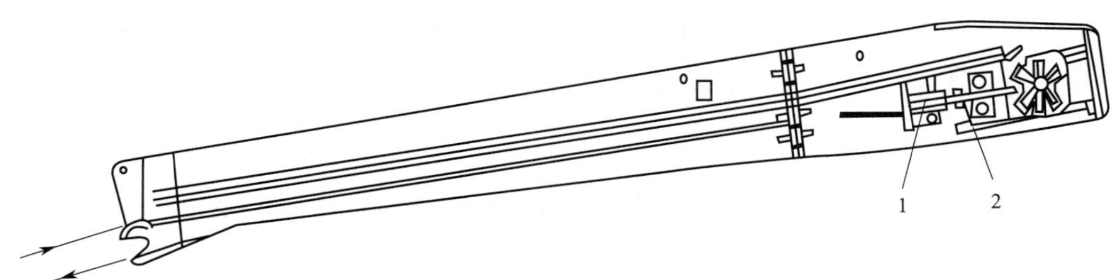

图1—24　EBZ160型掘进机刮板链的安装

1—弹簧座　2—张紧丝杠

（5）截割部安装方法

1）用钢丝绳将截割部吊起，与回转工作台连接，如图1—25所示。

2）安装截割部升降油缸。

3）装好后使截割头前端与底板相接，或者用枕木垫起。

4）待各动力部分安装完毕，操作截割臂，其升降正常后，方可拆除枕木。

（6）连接配管的方法

由操作台换向阀出来的配管和横贯操作台的配管必须由下侧依次排列整齐，当分解或装配时，应注意各接口的防尘保护，相连接的配管与接头必须扎上相应的标签，如图1—26所示。

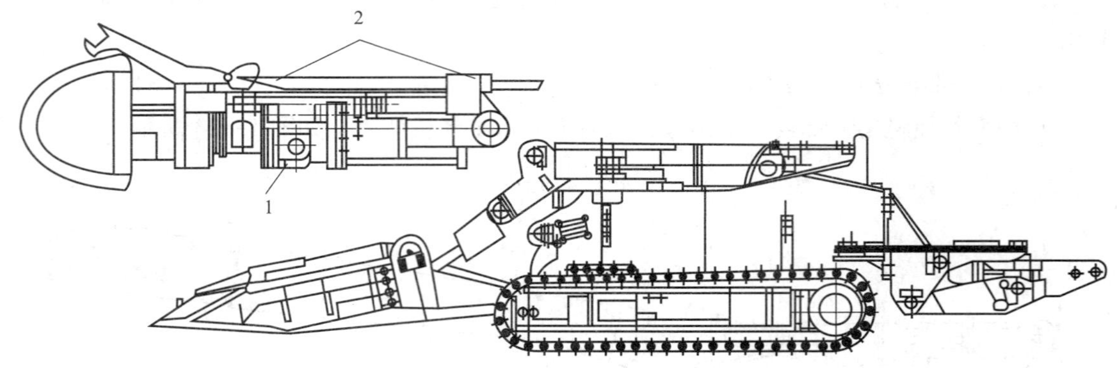

图 1—25　EBZ160 型掘进机截割部的安装
1—截割部　2—钢丝绳

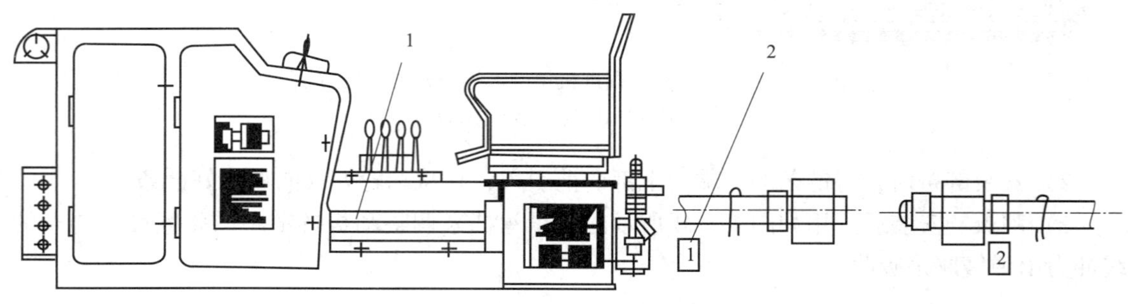

图 1—26　EBZl60 型掘进机配管的安装方法
1—胶管　2—标签

第五节　综掘工作面主要设备调试与检验

掘进机主要部件的调试内容包括掘进机机械传动系统、液压系统和电气系统的调试。掘进机检验的内容主要包括掘进机截割机构、装运机构、行走机构等的空载试验。

一、综掘工作面主要部件调试

掘进机安装完毕后，需进行全方位的调试，排除存在的问题，使其保持正常的运转状态。掘进机的调试内容有三个方面。

一是掘进机机械传动系统的调试，其实质是位置之间的调整，主要有第一部输送机链条张紧度和两根链条受力均匀度的调整，以及掘进机行走履带张紧度的调整。掘进机机械传动系统调试非常重要，掘进机安装后和使用过程中都需要调试机械传动系统。

二是掘进机液压系统的调试，主要是液压系统中的压力值和油泵及液压马达旋转方向的调整。

三是掘进机电气系统的调试，主要是电动机方向和保护装置的调整。

掘进机调试的依据是掘进机的完好标准，以 S100 型掘进机为例进行讲述。

1. 掘进机机械传动系统调试

（1）第一部输送机链条的调整

1）将铲板压接底板（此时履带部的支重轮处于游动状态）。

2）松开输送机后部的锁紧螺母。

3）均等地调整左、右调整螺栓，使输送机下面的链条具有 70 mm 的下垂度，然后紧固锁紧螺母，如图 1—27 所示。

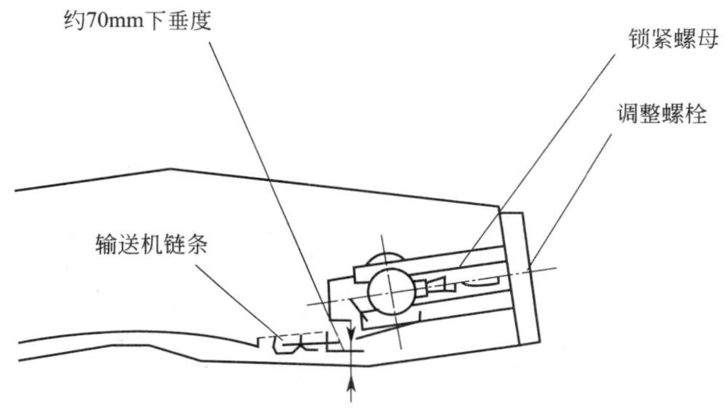

图 1—27　S100 型掘进机的输送机链条调整

4）如果链条过于张紧或者左右张紧不均，有可能造成驱动轴弯曲、轴承损坏、液压马达过负荷等现象。

5）如果用调整螺栓调整仍不能得到预想的效果，则应去掉两根链条的两个链环，再调整至正常的张紧度，如图 1—28 所示。

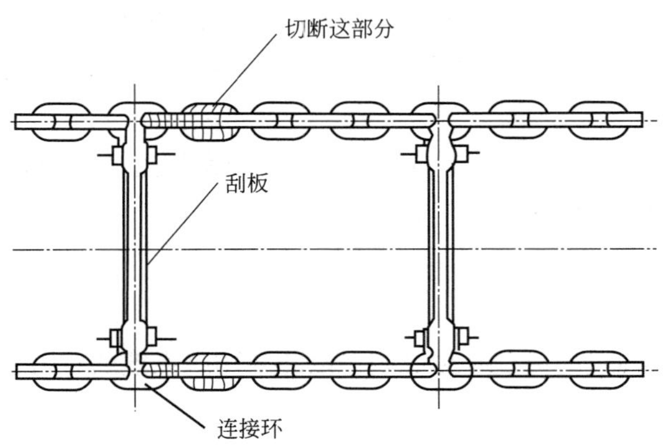

图 1—28　S100 型掘进机链环的调整

（2）履带的张紧调整

1）左、右履带分别用弹簧和张紧液压缸进行张紧。当履带过于松弛时，则支重轮与履带处于非啮合状态，履带松弛的主要原因如下：

①张紧液压缸受到异常压力，致使溢流阀动作。

②张紧液压缸的密封破损，致使液压油泄漏。

③履带的节距被拉长。

诸如此类原因时，应更换故障部分或易损件，然后张紧。

2）张紧履带的方法

①将掘进机向前移动，使履带上部处于松弛状态。

②将铲板压住底板，使支重轮处于浮动状态。

③接通切换阀油路，直至履带处于理想的张紧程度。

④将铲板抬起，掘进机前后往复开动两三次，以检查履带的张紧度是否合适，如图 1—29 所示。

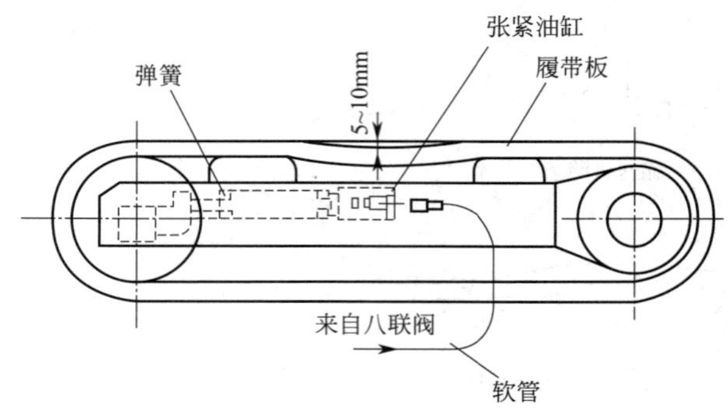

图 1—29　S100 型掘进机履带张紧度调整

（3）第二部输送机的调整

1）松开滚筒两侧调整丝杠上的锁紧螺母。

2）均匀地转动张紧丝杠上的调整螺母，调节输送带的松紧度。如果输送带松弛，则逐渐拉紧丝杠；如果输进带张紧过度，则逐渐松开丝杠，直至使输送带松紧度适宜为止。

3）压紧锁紧螺母。注意两边的丝杠调整要均匀，如果丝杠两边调整不均匀，会导致输送带跑偏。

4）输送带的跑偏调整。输送带向哪边跑偏，就拉紧哪边的调整丝杠（或松开对边的调整丝杠，根据输选带的张紧度决定），直至输送带跑正为止。

2. 掘进机液压系统调试

（1）液压的调整

在各类用途的切换阀组内都设有溢流阀，以此来调整系统的压力，如图 1—30 所示。具体的调整方法如下：

1）将操作台上方的压力表转至需调整的切换阀位置。

2）取下端帽或帽式螺母，将锁紧螺母松开。

3）用内六角扳手调整螺钉，使压力升高或降低。

4）当调至规定的压力后，拧紧锁紧螺母并装好端帽或帽式螺母，如图 1—31 所示。

（2）动作方向的调整

掘进机试运转后，如果截割头、履带、耙爪、第一部输送机等不符合掘进机的常规操作需要，就需要对其动作方向进行调整。动作方向的调整较为简单，只需要对有关工作件（液压缸或液压马达）的进、回油管进行调换即可。

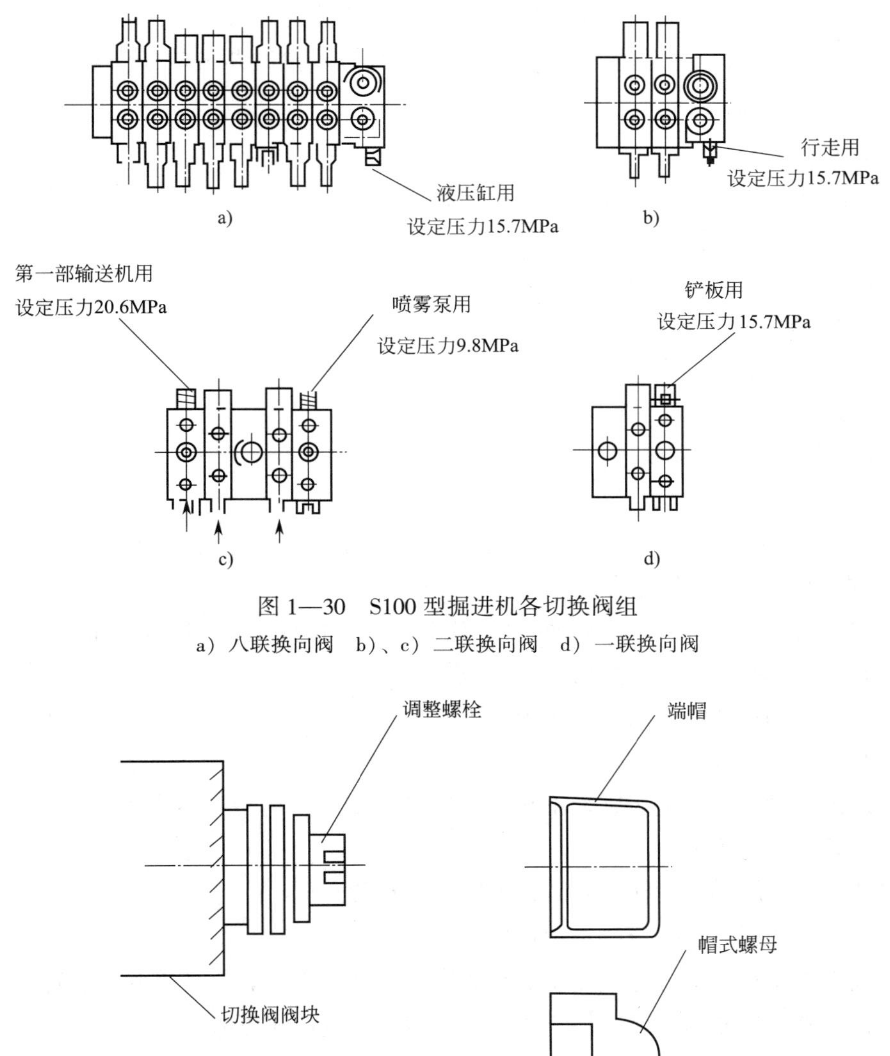

图 1—30　S100 型掘进机各切换阀组

a）八联换向阀　b）、c）二联换向阀　d）一联换向阀

图 1—31　S100 型掘进机切换阀内的溢流阀

3. 掘进机电气系统调试

（1）电动机转向的调整

掘进机截割电动机、液压电动机和第二部输送机电滚筒均不设反转功能，试运转时发现反转现象，必须对其进行调整：

1）所有电动机全部反转时，只需打开电控箱的接线仓，将进线电缆的任意两根电源线相互调换即可。

2）需要一台电动机反转时，只需打开该电动机的接线盒，将任意两根负荷线相互调换即可。

（2）电动机掉电的调整

只要掘进机进行截割作业，截割电动机就掉电，出现这种现象的主要原因是过热继电器整定值过小，使截割电动机不能承受较大的截割负荷。调整的办法是打开电控箱，调大截割电动机过热继电器的整定值。

4. 掘进机完好标准

整台掘进机调试完毕，虽已正常运转，但仍必须达到一定的完好标准，才能保证掘进机持久、稳定运转。掘进机的完好标准如下：

（1）操作手柄动作灵活，位置准确，符合人们的一般使用习惯。

（2）警铃、紧急停止开关工作可靠。

（3）液压缸活塞杆镀层无脱落，局部轻微锈斑面积不大于 50 mm^2，划痕深度不大于 0.5 mm，长度不大于 50 mm，单件上划痕不多于 3 处。

（4）注油嘴齐全，油路畅通。

（5）照明灯齐全、明亮，符合安全要求。

（6）截割头无裂纹、开焊，截齿完整，短、缺、散齿不超过总数的 5%。

（7）左右回转摆动均应灵活。

（8）履带板无裂纹，不干涉其他机件，松紧适宜，松弛度为 30~50 mm。

（9）前进、后退、左右拐弯动作灵活可靠。

（10）耙爪转动灵活，伸出时能超出铲煤板。

（11）刮板齐全，弯曲不超过 15 mm。

（12）链条松紧适宜，链齿磨损不超过原齿厚的 25%，运转时不跳牙。

（13）胶管及接头不漏油。

（14）油泵、液压马达运转无异响，油路压力正常。

（15）油路上的压力表齐全，指示正确。

（16）掘进机应有开、闭电气控制回路的专用工具，由专职人员掌握和保管。

（17）在掘进机的非司机侧，停止掘进机运转紧急按钮应可靠。

二、综掘工作面主要设备部件性能检查

1. 检修安装后掘进机结构完整性的规定

（1）检修后的掘进机应保持原机各部件、各系统结构的完整性。

（2）整机及各部件中，实现掘进机各种功能的执行件、控制元件、传动连接件、紧固件、油管、电缆，以及原机其他应有的零部件均应齐全。

（3）损坏的零件应更换。

（4）磨损、变形的零件，在不影响安装尺寸、强度、刚度等要求的情况下可修复，否则应更换。

（5）滚动轴承内、外圈若有裂纹、点蚀、锈蚀，保持架若有损坏，应更换。

（6）密封件有失效、损坏的应更换。

2. 掘进机使用性能规定

(1) 截割机械应转动灵活、摆动自如，摆动范围符合原机要求，其公差不大于±50 mm。

(2) 装载机构应运转正常，耙爪转速应符合原机要求。

(3) 第一部输送机应运转平稳，无卡链、跳链现象，张紧装置调整灵活可靠。

(4) 行走机构前进、后退、转弯运转正常，行走及调动速度符合原机要求。

(5) 各传动箱润滑油、油箱中液压油应按规定牌号更换，并无渗漏现象。

(6) 液压、喷雾系统压力调整正确，流量满足使用要求，喷嘴无堵塞现象。

(7) 各操作手柄、按钮、旋钮动作应灵活、可靠。

(8) 喷雾系统无渗漏现象。

3. 掘进机装配质量规定

(1) 截割机构检修后，盘动截割头，应转动灵活、平稳。

(2) 截割悬臂滑道配合间隙应符合设计要求，且润滑良好、运动灵活，无卡死、振动及爬行现象。

(3) 截齿与齿座配合松紧适度，互换性好，拆装方便。

(4) 履带张紧适度，安装正确，下链的悬垂度应为50～70 mm，履带链与链轮啮合准确，行走平稳，无爬行、卡链现象。

(5) 耙爪应安装正确，耙爪臂下平面与铲板表面应有2.0～5.5 mm间隙，且不允许有局部摩擦。

(6) 重要部件连接螺栓的材质、强度、防松装置、紧固力矩应符合原机要求。

(7) 在设有油嘴的部位都应更换新油嘴，并注入适量润滑脂。

4. 掘进机整机密封性能检查的主要内容和要求

(1) 运转时检查各减速器轴端密封盖、出轴密封、壳体接合面等。

(2) 检查放油螺塞、放水螺塞等。

(3) 检查液压系统、除尘喷雾系统各元件及管路。

要求：不得有渗漏和松动现象。

5. 掘进机外观质量检查的主要内容

(1) 检修后的掘进机标志及标牌应齐全、清晰、正确，安装牢固。

(2) 检修后的掘进机应清除干净机器表面污物、锈蚀，重新涂漆，涂漆表面应均匀，无明显皱皮、擦伤、露底等缺陷。

(3) 油管、水管、电缆应敷设整齐，在长度较大、易挤压及受力部位应安装管卡。

三、掘进机试运转技术

掘进机在设备安装好后，必须对一些部件进行性能试验，才能达到原设计的功能。因此，必须依据掘进机结构完整性、安全保护性能、使用性能的规定，主要对掘进机的截割机构、装运机构、行走机构、液压系统、喷雾系统进行试验，使掘进机在今后的生产中发挥应有的功能。

1. 掘进机截割机构空载试验方法

（1）空运转试验

开动截割机构电动机，将悬臂置于中间水平位置和中间上、下极限位置，各运转不少于 30 min。如果可变速，各挡均按此方法试验，要求电动机、减速器等运转平稳，无异常声响及过热现象。

（2）悬臂摆动时间试验

将悬臂置于水平位置，从一侧极限位置到另一侧极限位置摆动 3 次，测量全行程所用时间，计算平均值，应符合原机要求，误差不超过±1 s。

2. 掘进机装运机构空载试验方法

（1）空运转试验

将铲板置于正中、左极限、右极限位置，以上三种情况又分上、中、下三个位置。在九个位置上每次正向运转 5 min，共运转 45 min；在正中位置上每次反向运转 5 min，共运转 15 min。

铲板无左、右摆动功能时，只做上、中、下三个位置试验，要求各工况运转正常，无卡阻现象及撞击声。

（2）铲板灵活性试验

在空运转试验中，铲板上、下、左、右摆动各 5 次，要求摆动灵活，无卡阻现象及撞击声。

3. 掘进机行走机构空载试验方法

（1）行走试验

在硬地面上前进、后退各 25 m，并记录时间，要求行走速度符合原机要求，跑偏量不大于 5%。

（2）转向试验

原地转向 90°，左、右各 3 次，要求转向灵活，无脱链及异常声响。

4. 掘进机液压系统试验方法要求

（1）空运转试验

各换向阀手柄在中位，液压系统空转 30 min，操纵各手柄，每项动作不少于 10 次，总运转时间为 60 min，要求运转正常，无过热现象。

（2）耐压试验

当系统额定压力小于或等于 16 MPa 时，试验压力为额定压力的 1.5 倍；当系统额定压力大于 16 MPa 时，试验压力为额定压力的 1.25 倍。保压均为 3 min，要求不得有渗漏及损坏现象。

（3）密封性能试验

1）将悬臂置于水平位置，铲板居正中的上极限位置，分别测量悬臂和铲板液压缸活塞杆收缩或伸长量。

2）将后支撑液压缸伸出至全部行程，顶起机器，分别测量其收缩量。

要求：在同一温度下保持 12 h，液压缸活塞杆收缩或伸长量不大于 5 mm。

5. 掘进机喷雾系统试验方法和要求

（1）耐压试验

将喷雾系统压力调至额定压力的 1.5 倍，保压 3 min，要求不得有渗漏及损坏现象。

（2）喷雾效果试验

在额定压力下开动喷雾系统，旋转截割头并观察喷雾效果，要求喷嘴无堵塞，喷雾均匀。

思考练习题

1. 综掘工作面设备主要有哪些？
2. 巷道施工断面应满足哪些要求？
3. 综掘工作面的设备布置主要有哪些特点？
4. 综掘设备配套应遵循哪些原则？
5. 为什么煤矿首选悬臂截割式掘进机？
6. 掘进机的完好标准是什么？
7. 掘进机外观质量检查主要有哪些内容？
8. 掘进机截割机构空载试验有哪些方法？

第二章

综掘工作面掘进工艺

学习目标

1. 了解综掘工艺类型和掘进机工作注意事项。
2. 掌握掘进机的正确关停步骤、截割工艺特点和工作时的安全事项。
3. 能安全、正确开、停掘进机。
4. 能根据巷道断面地质情况正确进行截割。

综掘工作面掘进工艺简称为综掘工艺，即能够实现破煤、装煤、运煤、支护、喷雾、除尘等全部工序联合作业的掘进工艺，具有机械化程度高、施工速度快、效率高、对围岩破坏小和工作安全等优点，包括煤巷综合机械化掘进工艺、半煤岩巷综合机械化掘进工艺和岩巷综合机械化掘进工艺。

第一节　掘进机操作前检查与准备

掘进机检查项目有掘进工作面环境检查和掘进机自身检查。在检查完综掘工作面周围环境有无影响或妨碍掘进机正常截割，以及掘进机各部件是否完好、有无故障或机电事故隐患后，为了充分发挥综掘设备的最大生产能力，并保证安全生产，就要进行掘进机操作前的必要准备。其内容包括选择合理的截割方式、截割工艺和截割工序。

一、掘进机操作前检查

1. 综掘工作面环境检查方法

（1）检查综掘工作面支护情况

1）巷道支护检查

①综掘工作面临时支架和永久支架必须使用前探铁刹杆护顶，前探距离不得超过 1 架棚

距，后面要别在两架棚梁上。锚喷巷道要采用吊环前探梁端头临时支护，严禁空顶作业。

②临时支护距工作面的距离一般不大于 2 m，锚杆巷道距工作面的距离不大于 4 m，软岩层应紧跟工作面。

③倾斜巷道的棚子必须保持足够的迎山角，棚子间用钢丝联系好，每节棚要打好劲木和扣木，以防棚子被推倒。

④斜巷综掘工作面上方要设牢固的安全挡板。距工作面上方 20 m 处要设安全栏遮挡。

⑤在交岔点施工时，在木支架巷道中的支巷开口处架设台棚后才能进行支巷掘进。

⑥锚喷支护。锚喷眼的方向要与岩层面或主要裂隙面垂直，当岩层与裂隙面不明显时，可与周边轮廓垂直。锚杆眼的孔径、深度、间距及布置形式要符合设计要求。锚杆安装前，要先用压风清煤，托板应紧贴岩石，接触不严时，必须用水泥砂浆填实，不准用木材、石块等材料垫上，木锚杆外楔安装方向应与托板顺纹垂直。砂浆终凝或树脂固化前不得碰撞杆体。钢筋网要随岩石铺设，间隙不应小于 30 mm，钢筋网与锚杆要连接绑扎牢靠。在松软、膨胀的岩层中进行锚喷支护时，喷射前不得用水冲洗岩石；在断层、破碎带、冒顶区进行锚喷支护时，应打超前锚杆护顶；在围岩有淋水、滴水的情况下，锚喷作业前要先做好防治水工作。

2）巷道掘进检查

①巷道的掘进毛断面不得小于设计规定，其局部超高和每侧的局部超宽，不应大于设计规定 150 mm（平均不应大于 75 mm）。

②要根据巷道规格、煤（岩）的性质编制截割工艺。

③在综掘工作面截割前，应找净顶板两帮的浮煤和浮石。巷道最外圈截割位置必须与设计毛断面保持相当距离，一般为 50~100 mm。

④综掘工作面距煤层 5 m 时应打探眼，探清煤层和瓦斯涌出情况，探眼深度超前炮眼深度 800 mm 以上，探眼数量大于两个。如果发现瓦斯大量泄出或其他异常情况，应及时报告矿调度人员。

⑤严格执行防尘措施，综掘工作面一律执行喷雾截割、装煤（岩）洒水，严禁无水作业。

（2）检查综掘工作面瓦斯浓度情况

1）掘进机上必须安装能切断掘进机供电回路电源的瓦斯报警断电装置，并正确使用。当发生报警时，必须立即停止掘进机运转，查明原因，采取措施，否则严禁开机。

2）风筒到迎头的距离要符合作业规程的要求，杜绝风筒脱节或扎破风筒的现象。

3）检查电气设备是否完好，消灭失爆现象，杜绝外因火源的存在。

4）专职瓦斯检查员要按规定检测综掘工作面的瓦斯情况，发现异常情况要立即通知现场作业人员，以便采取相应的措施。

5）现场作业人员如发现胸闷、心跳加快、呼吸困难等缺氧征兆时，要立即撤出，并加强通风。

6）综掘工作面瓦斯浓度规定

①综掘工作面回风巷风流中瓦斯浓度超过 1.0%或二氧化碳浓度超过 1.5%时，必须停

止工作，撤出人员，采取措施进行处理。

②综掘工作面风流中，电动机或其开关安设地点附近 20 m 以内风流中的瓦斯浓度达到 1.5%时，必须停止工作，切断电源，撤出人员，采取措施进行处理。

③综掘工作面及其他巷道内，体积大于 0.5 m 的空间内积聚的瓦斯浓度达到 2.0%时，附近 20 m 内必须停止工作，切断电源，撤出人员，采取措施进行处理。

④对因瓦斯浓度超过规定被切断电源的电气设备，必须在瓦斯浓度降到 1.0%以下时，方可通电开动。

（3）检查综掘工作面有无障碍

1）检查综掘工作面的水管、掘进机的电缆是否影响掘进机前进和后退。

2）检查掘进机的周围有无木料、铁料和其他物体影响掘进机的正常生产。

（4）检查供电、供水情况

1）供电情况检查

①掘进机机械与电气部分都必须切断馈电电源，在不带电的状态下进行工作。

②检查拖曳电缆护套有无损伤、擦伤或扭曲现象，确保其能在掘进机后面自由拖动，不刮不撸。

③清除电动机、电控箱、电缆等电气设备上的尘土和煤泥，便于观察隐患。

④检查各导线、电气元件的连接螺钉有无松动，并及时紧固。

⑤检查并确保过载继电器的调整正确。

⑥检查各电动机轴承有无缺油及异响情况。

⑦经常打开的各种防爆电气设备的隔爆接合面，必须保持有薄薄一层防锈油或润滑脂，防止生锈。

⑧检查各种电气设备的接地装置是否良好。

⑨隔爆型电动机应经常检查绝缘电阻，在允许条件下用 1 000 V 兆欧表测量，应低于 0.7 mΩ。

2）供水情况检查

①将喷雾系统压力调至 1.5 倍额定压力，保压 3 min，检查有无渗漏和损坏。

②在额定压力下开动喷雾系统，检查喷雾效果，要求喷嘴无堵塞，喷雾均匀。

③检查液压系统、除尘喷雾系统各元件及管路，不得有渗漏和松动现象。

④检查水管，应敷设整齐，在长度较大、易挤压及受力部位应安装管卡。

⑤掘进机应使用内、外喷雾装置，内喷雾装置的使用水压不得小于 3 MPa，外喷雾装置的使用水压不得小于 1.5 MPa。如果内喷雾装置的水压小于 3 MPa 或无内喷雾装置，则必须使用外喷雾装置和除尘器。

（5）检查掘进机配套设备

1）检查刮板的张紧度是否合适。

2）检查刮板、链条的磨损、松动和破坏情况。

3）检查链轮的磨损情况。

4）检查从动轮的回转是否正常。

2. 掘进机机体自身的检查方法

（1）各操作手把和按钮的检查方法

1）掘进机液压手把的检查方法。启动油泵，操作（前推、后拉）截割头、铲板、耙爪、履带、第一部输送机、后支撑部等各换向阀，用手感觉换向阀位置的正确性、灵活性和动作的可靠性。

2）电气按钮的检查方法。用拇指点动截割头电动机和油泵电动机，用手的感觉检查各按钮位置的正确性、操纵的灵活性和动作的可靠性。

（2）截齿的检查方法

用手盘动截割头，用眼睛观察并检查掘进机截齿完好情况。如果发现截齿短缺，必须立即更换。当截齿损坏5把以上时，禁止启动掘进机。更换截齿前，先将截割头开至适合高度，然后停电并闭锁开关。更换截齿必须用专用工具，带胀圈的截齿用胀钳卸下胀圈，把坏齿取出，再安装新截齿，用胀圈固定好。带销的截齿必须将销铆固好。

（3）掘进机各零部件的检查方法

观察掘进机各部件螺栓的齐全情况和紧固情况，发现有螺栓短缺时必须立即补齐，发现有螺栓松动时必须立即用工具拧紧。

（4）掘进机各减速器、液压箱及油管的检查方法

1）抽出掘进机各减速器的油标卡，用眼睛观察其油位、油量情况，按技术要求给减速器注油，并观察减速器有无漏油现象，如果有渗漏要立即处理。

2）观察液压箱上的油位标尺，看有无缺油现象，如果缺油要立即用规定的方法补齐。观察液压箱有无漏油现象，如果漏油要立即处理。

3）观察各液压缸及油管有无渗漏油现象，如果有要立即处理。

（5）刮板链和履带链的检查方法

1）检查刮板链松紧程度是否适宜的方法。操作掘进机，将铲板压接巷道的底板（此时掘进机履带部的支重轮处于游动状态），在输送机机头的前方，观察输送机下面的两根链条，具有70 mm的下垂度为标准，否则要就要用调整螺栓来调整输送机链条的张紧度，使其达到标准。

2）检查履带张紧程度是否适宜的方法。掘进机的履带张紧后要有一定的垂度，垂度值为5~10 mm，否则就要调整。调整的方法是用液压溢流阀，具体的方法如下。

①将溢流阀旋转到油缸位置。

②扳动八联阀的履带张紧手柄，旋动溢流阀的调压手柄，通过压力表读出调压值，当压力为4 MPa时停止。

③拧紧调压背帽。

（6）电缆、水管、喷雾灭尘系统的检查方法

1）观察掘进机的电缆有无破损现象，如果有要立即处理。

2）观察掘进机电气系统各连接装置的电缆卡子是否齐全、牢固，电缆吊挂应整齐，电缆无破损、挤压现象，如果有应立即处理。

3）观察掘进机喷雾系统的水压力表和流量表，看水质、水压和流量是否符合规定。观察喷水管路及喷水嘴是否畅通，如果不畅通，要立即处理。

二、掘进机操作前的准备

1. 掘进机司机岗位安全责任制

（1）对掘进机司机的基本要求

1）必须具有两年以上的井下工作经验，熟知井下安全基本知识，身体健康，听力、视力良好，能适应掘进机司机岗位的要求。

2）必须熟悉掘进机的性能，了解其机械系统、液压系统、电气系统的构成，并能准确、迅速地判断、处理一般故障。

3）必须经过专业技术培训，经考试合格取得岗位操作资格证书后，方可上岗作业。

4）在操作过程中必须集中精力，时刻注意机体和周围环境的变化，严格按煤矿“三大规程”要求进行操作，不得出现违章作业现象。

5）掘进机司机不得擅自处理掘进机电气系统的故障（掘进机司机是电工者除外）。

（2）掘进机司机的岗位安全责任制

1）认真学习和掌握作业规程、《煤矿安全规程》、技术操作规程，以及相关法律法规和上级的安全指令、指示。

2）在区队长、班组长的领导下，做好掘进机司机职责范围内的各项工作，并对本职工作的安全生产负直接责任。

3）工作时不得擅离职守，严格执行煤矿“三大规程”要求，集中精力，精心操作。

4）严格执行掘进机维修保养制度，开机前认真检查各运转部位和保护系统是否安全、灵敏，部件是否齐全、可靠，否则不准开机。

5）掘进机启动前要认真检查工作范围内的安全状况，确认安全后方可启动。启动前及运转过程中，掘进机两侧及前方不得有人。

6）掘进机启动后，司机要认真观察、监测各机械部位的运转情况，发现异常应立即停机处理。截割过程中割坏、碰倒支架（或支护）要及时进行修复。

7）坚持安全第一、质量第一，做到文明生产，努力提高操作技能，确保安全、优质、高效地完成生产任务。

2. 掘进机操作人数与规定

掘进机每班由两人操作，1 人为正司机，操作机器截割，1 人为副司机，负责地下的观察、检查、维护电缆及安全事项。掘进机操作人员必须经过半年以上的培训、实习，了解机器的操作方法、性能、特征与结构，经职业技能鉴定并持有技术等级证书，其他人员不得擅自操作掘进机。

3. 合理选择截割方式与工序的一般原则

（1）选择截割方式的一般原则

1）有利于顶板的控制和维护。

2）以较小的截割阻力钻进和开切。

3）尽量增加钻进深度，减少截割头的空行程。

4）不出大块煤、矸，以利于装载和运输。

（2）选择截割工序的一般原则

1）对较均匀的中硬煤层，采用先割柱窝、掏底槽的方法，由下向上横向截割。

2）对半煤岩工作面，采用先割软后割硬、先掏槽后割底的方法，在煤岩分界线的煤侧钻进开切，沿线掏槽。

3）对层理发达的软煤层，采用中心开钻、四边刷帮的方法。

4）对破碎顶板，采用留顶煤先割两帮、中间留煤垛的方法。

4. 综掘工作面截割方式

无论用哪种截割方法，都必须铲板落地，注意扫底，防止越掘越高。

（1）准备必要的工具，掘进机有故障应及时处理。

（2）准备必要的油，按规定的注油量及时给掘进机加油。

（3）按选择截割方式与工序的一般原则合理选择、确定掘进机的截割方式和工序，为截割做准备。

1）综掘工作面煤质松软、层理明显、节理发育、顶板条件较好时选择掘进机的截割方法，如图 2—1 所示。

2）综掘工作面煤质中硬、层理明显、节理发育、顶板条件较好时选择掘进机的截割方法，如图 2—2 所示。

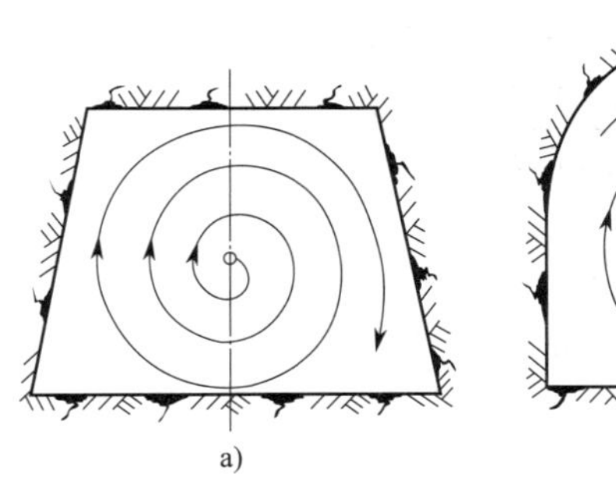

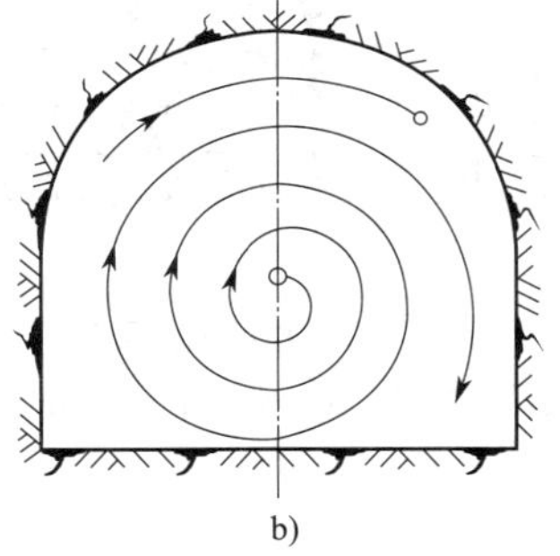

图 2—1　软煤层的截割方法

a）梯形断面　b）拱形断面

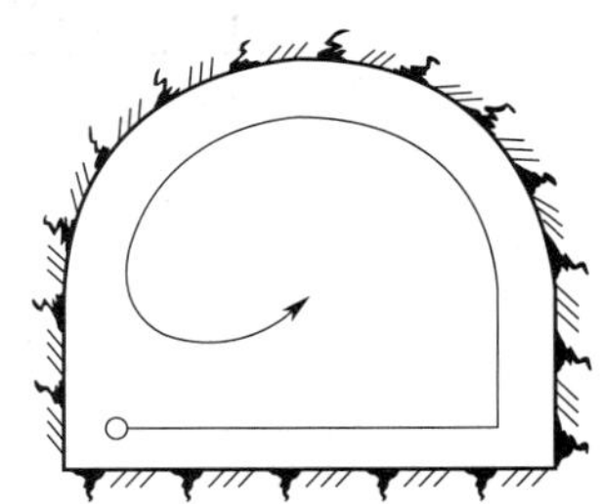

图 2—2　中硬全煤的截割方法

3）综掘工作面宽度超过掘进机定位截割性能时选择掘进机的截割方法，如图 2—3 所示。

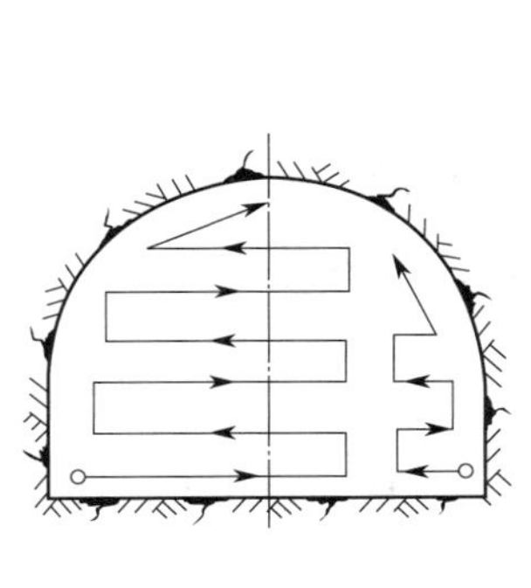

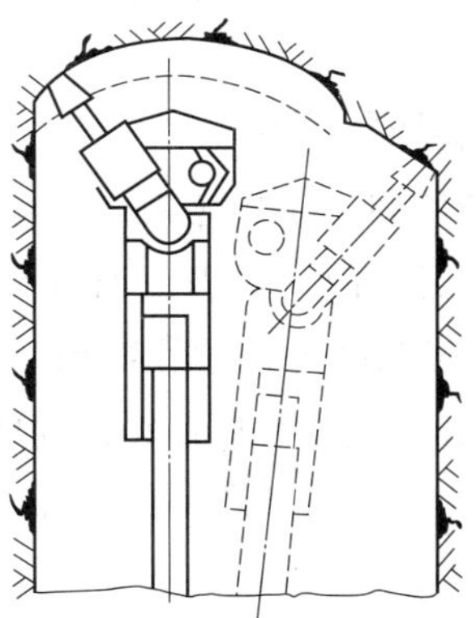

图 2—3　宽工作面二次截割方法

4）综掘工作面顶板破碎、直接顶易冒落时选择掘进机的截割方法，如图 2—4 所示。

5）综掘工作面易片帮时选择掘进机的截割方法，如图 2—5 所示。

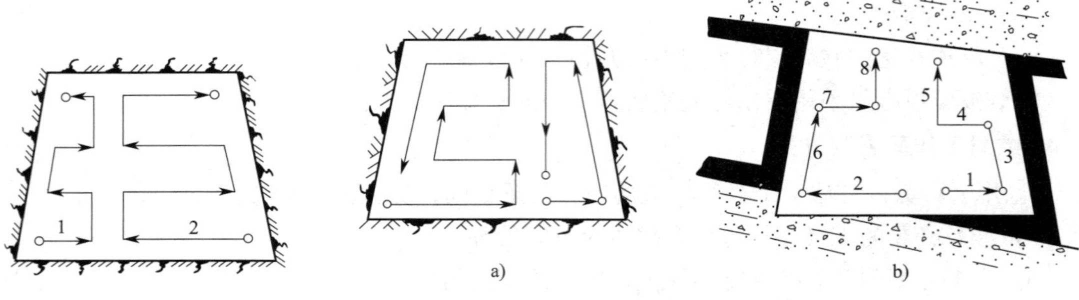

图 2—4 破碎顶板下工作面分两次截割方法

图 2—5 易片帮工作面的截割方法
a）先截割中间后刷帮 b）先截割下帮后截割上帮

6）综掘工作面遇有夹矸时选择掘进机的截割方法，如图 2—6 所示。

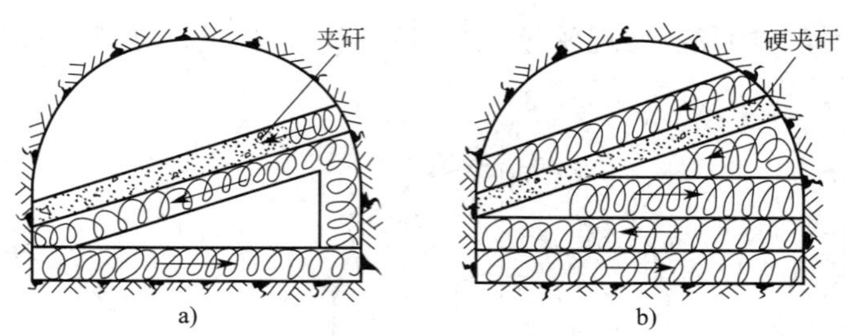

图 2—6 有夹矸工作面的截割方法
a）一般夹矸工作面的截割方法 b）硬夹矸工作面的截割方法

第二节 掘进机操作顺序

按照规定和要求正确操作掘进机是安全生产和防止机器事故的前提和保证，它包括掘进机启动顺序和停机顺序。

一、掘进机启动顺序

掘进机启动必须按照一定的操作顺序进行，否则就不能正常启动掘进机，甚至会出机械事故、生产事故和人身事故。要想正确启动掘进机，就必须掌握各种手把的位置和功能。

1. AM-50 型掘进机手把位置和功能

（1）AM-50 型掘进机电气操作箱的功能

AM-50 型掘进机电气操作箱设在司机座的前方，其上有 9 个旋钮、2 个按钮和 3 块表，如图 2—7 所示。

从安全出发，掘进机的电路设计要求必须首先启动液压泵，然后才能启动其他电动机。

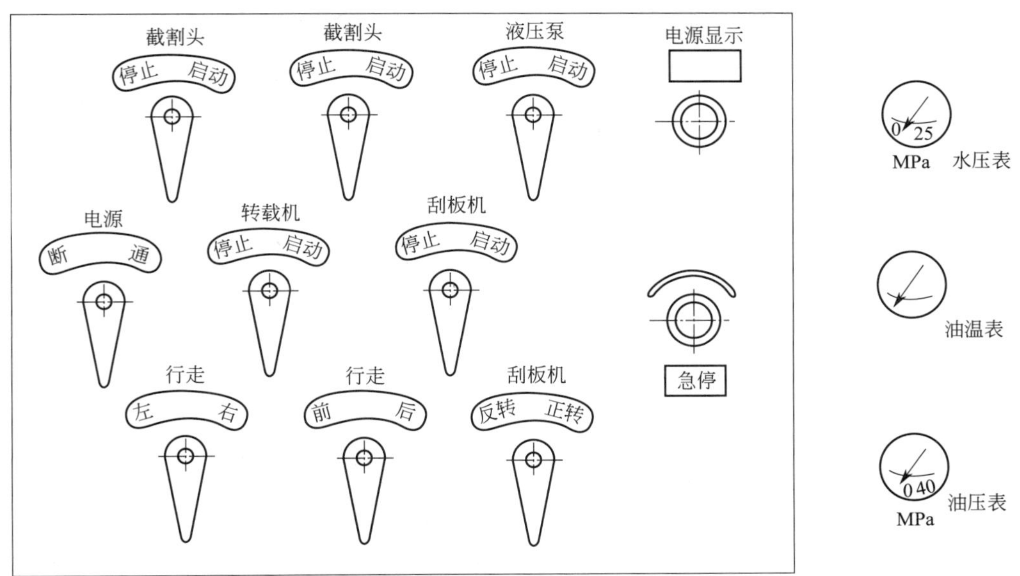

图 2—7　AM−50 型掘进机电气操作箱

液压泵启动后发出声响，向掘进机附近的人们提醒：掘进机正在启动，必须马上撤离工作区域。

为了防止截割电动机启动造成的偶然事故，只有双手同时转动两个旋钮开关，延时 8 s 左右，截割电动机才能启动，在这段等待时间内，警铃响起。为了启动电动机，旋钮开关必须一直保持在启动位置，直到警铃停鸣为止。

此外，在电气操作箱上还设有 3 块表，水压表用于观察内喷雾水的压力，油温表用于观察液压油的温度，油压表用于观察液压油的压力。

（2）AM−50 型掘进机液压操作手柄的功能

AM−50 型掘进机截割臂、铲板和后支撑部均由液压缸驱动，它们的动作由操作台上四联换向阀组的各操作手柄控制。

操作手柄的动作方向模拟截割臂的运动方向，如推动左侧操作手柄向左，则截割臂向左摆动，推动左侧操作手柄向右，则截割臂向右摆动。截割臂垂直方向的运动也是同样，往后拉左侧手柄，截割臂上升，往前推左侧手柄，截割臂下降，如图 2—8 所示。中间手柄控制铲板的升降，后拉手柄，铲板上升，前推手柄，铲板下降。右侧手柄控制后稳定器，后拉手柄，稳定器抬高，前推手柄，稳定器下降。

2. S100 型掘进机手把位置和功能

（1）S100 型掘进机电气操作箱的功能

S100 型掘进机电气操作箱设在司机座的右侧，其上设有 2 个旋钮、2 块显示表、8 个操作按钮和 1 个急停按钮，如图 2—9 所示。

1）旋钮的功能

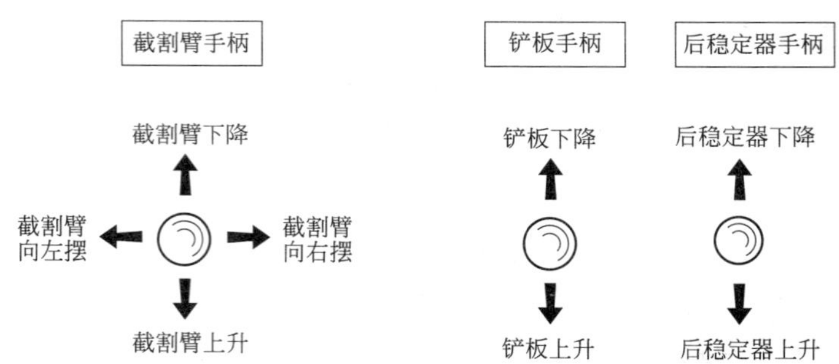

图 2—8　AM-50 型掘进机液压操作手柄各位置的功能

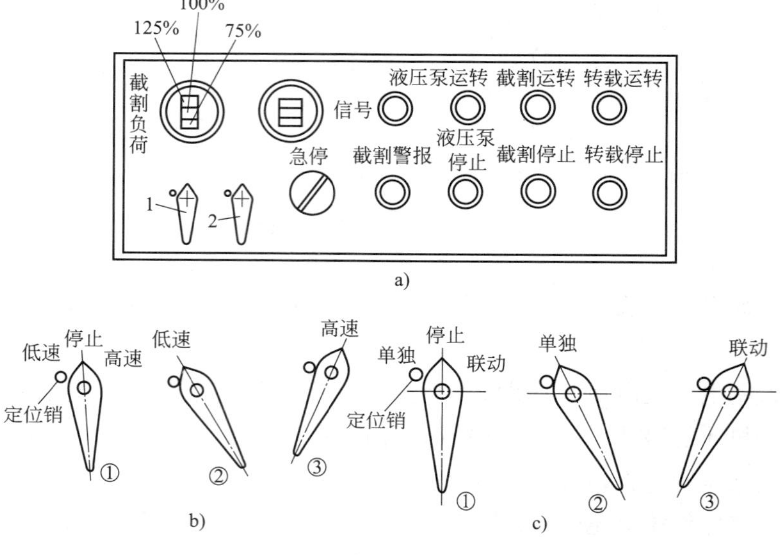

图 2—9　S100 型掘进机电气操作箱

a）电气操作箱按钮　b）截割电动机高、低速旋钮　c）转载机单、联动旋钮

①如图 2—9a 所示，左侧旋钮 1 控制截割电动机的旋转速度。旋钮在中间位置①（见图 2—9b），截割电动机停止旋转；旋钮拧向右侧位置（定位销定位）②，截割电动机以低速旋转（750 r/min），旋钮拧向左侧位置③，截割电动机以高速旋转（1 470 r/min）。

②如图 2—9a 所示，右侧旋钮 2 控制转载机的单独运转或与刮板输送机联动运转。旋钮在中间位置①（见图 2—9c），转载机停止运转；当将旋钮拧向左侧位置②，即可用该箱上转载机的启动、停止按钮控制转载机单独启动或停止；当旋钮拧向右侧位置③，向前推动液压操作台上的刮板输送机操作手柄（见图 2—10），转载机随之启动，而当操作手柄处在停止或反转位置时，转载机则不能启动（见图 2—11h）。

2）按钮的功能。S100 型掘进机的电气操作箱共有 8 个操作按钮、1 个急停按钮，如图 2—9a 所示。上排按钮分别操作声响信号，以及液压泵、截割头和转载机电动机运转；下排按钮分别与上排对应，操作截割警报，以及液压泵、截割头和转载机电动机停止。

“信号”按钮与液压泵电动机联锁，不按“信号”按钮，不能启动液压泵电动机。

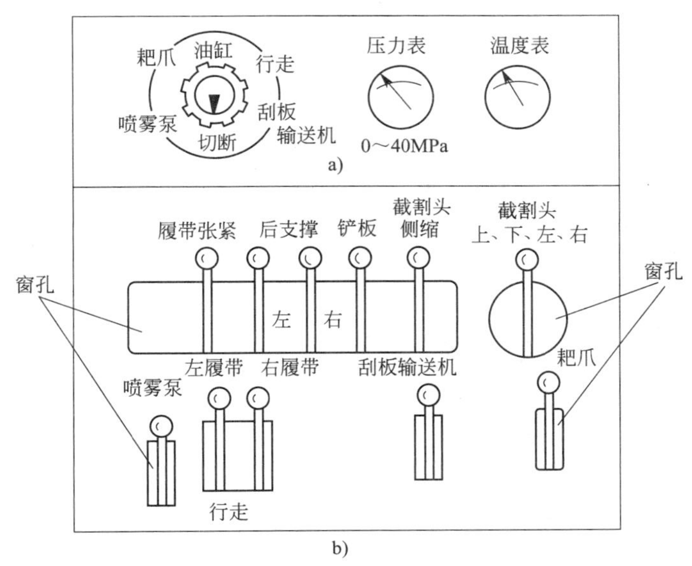

图 2—10　S100 型掘进机液压操作台

a）检测装置　b）液压操作台

“截割警报”按钮与截割电动机联锁，不按“截割警报”按钮，不能启动截割电动机。

（2）S100 型掘进机液压操作台的功能

S100 型掘进机液压操作台设在司机座的前方，分上、下两部分：上部分垂直布置，设有各系统的检测和控制装置（仪表和选择阀）；下部分倾斜布置，设有各系统操作手柄，用于操作各执行元件的换向阀，如图 2—10 所示。各操作手柄的功能如图 2—11 所示。

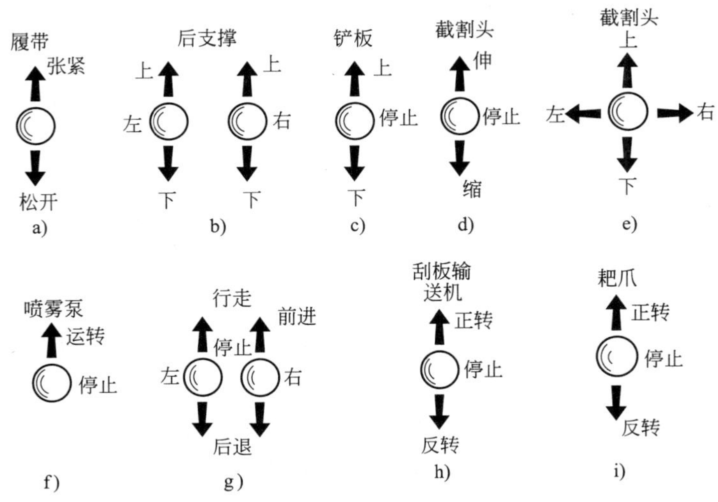

图 2—11　S100 型掘进机操作台各手柄功能

a）履带松紧操作手柄　b）后支撑部操作手柄　c）铲板操作手柄　d）截割头伸缩操作手柄

e）截割头上、下、左、右操作手柄　f）喷雾泵操作手柄　g）行走机构操作手柄

h）刮板输送机操作手柄　i）耙爪操作手柄

3. EMLB 型掘进机操作台组成及各部分功能

EMLB 型掘进机操作台由电气控制盘、仪表盘和液压控制操作台三部分组成，如图 2—12 所示。

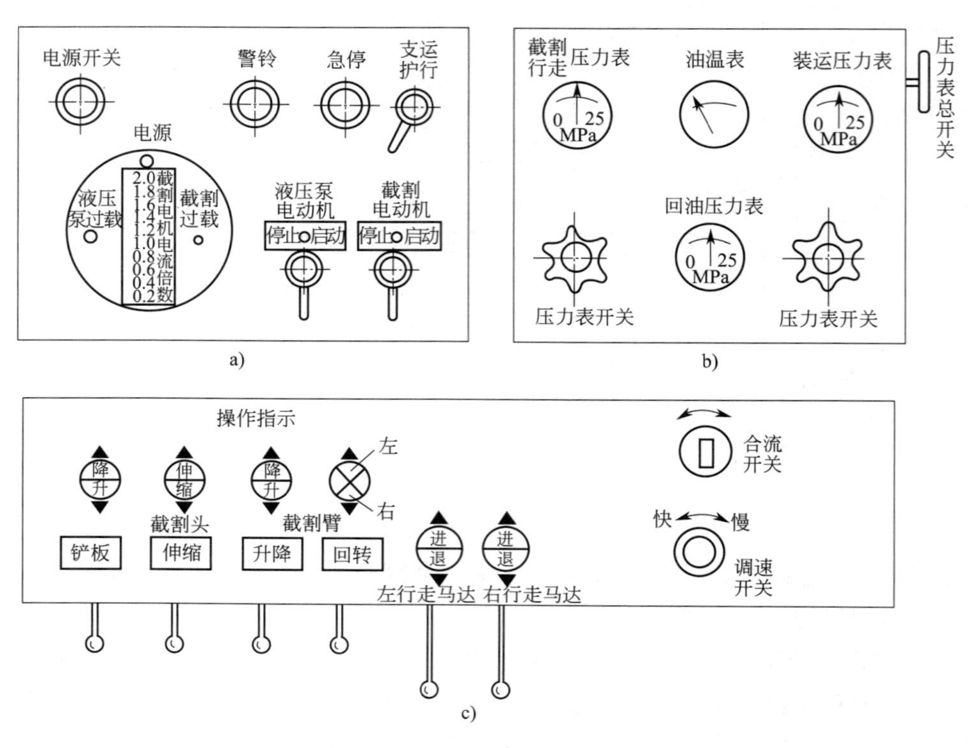

图 2—12　EMLB 型掘进机操作台

a）电气控制盘　b）仪表盘　c）液压控制操作台

（1）电气控制盘

EMLB 型掘进机的电气控制盘设在操作台竖板的左侧，如图 2—12a 所示，设有 3 个电气按钮、3 个旋钮、截割电动机功率指示器和液压泵、截割过载指示灯。图 2—12 中对各按钮、旋钮的功能都有说明。只有“支护/运行”旋钮指向“运行”时，截割电动机方可转动；旋钮指向“支护”时，截割电动机不能转动，这时可以利用截割臂进行棚梁架设工作；旋钮在中间位置时，截割电动机也不能转动。

截割电动机在工作过程中，通过功率指示器随时可以反映截割电动机额定电流倍数。

（2）仪表盘

EMLB 型掘进机的仪表盘设在操作台竖板的右侧，其上设有截割、行走、装运液压系统压力表和回油压力表、温度表。压力表的开关分别设在表盘的正面和侧面，如图 2—12b 所示。

（3）液压控制操作台

EMLB 型掘进机的液压控制操作台设在操作台的横板上。各操作手柄从前面伸出，并有标牌显示各自功能，如图 2—12c 所示。在操作台的右侧设有 2 个旋钮开关，上面是 1 个二位三通转阀，逆时针转动时行走速度由 2.86 m/min 增加到 5.04 m/min；下面是一个调速阀，用以调节工作机构 3 组液压缸（截割臂升降液压缸、水平摆动液压缸和截割头伸缩液压缸）的推进速度，以适应截割不同硬度煤（岩）的需要。旋钮开关逆时针转动时速度加快，反之速度降低。

4. 启动掘进机前注意事项

（1）非掘进机操作者不得操作掘进机。

（2）操作者在启动掘进机前必须检查确认掘进机周围确实安全。

（3）启动掘进机前必须确认掘进工作面顶板的支护可靠。

（4）不要勉强地超负荷启动掘进机。

（5）操作各液压手把时，不得用力过猛。

（6）要充分注意不得使掘进机压断电源线。

（7）确认安全后再启动掘进机。

5. 掘进机启动顺序

（1）常见启动顺序

1）油泵电动机→第二部输送机→第一部输送机→耙爪→截割头，以此作为启动顺序。

2）当没有必要启动装载时，也可在启动油泵电动机后，直接启动截割电动机。

（2）S100 型掘进机启动顺序

1）操作远方电磁起动器，向掘进机送电。

2）将各急停按钮（操作箱急停按钮、油箱前急停按钮和操作台前急停按钮）置于解锁位置。

3）用专用手柄将司机席后面的电气开关箱操作开关（隔离开关）向上转到“接通”位置（日本产开关箱先向下后向上），这时照明灯亮，即电源已经接通。

4）操作司机席右侧操作箱上的有关按钮，其顺序是：

①将转载机单、联动旋钮旋至“联动”位置。

②按转载机“启动”按钮启动转载机。

③按“信号”按钮，发出警报。

④按液压泵“运转”按钮，启动液压泵电动机（安装或检修后第一次启动时，应检查液压泵转向。正确的转向是面向工作面，电动机顺时针方向旋转）。

5）操作液压操作台“刮板输送机手柄”，启动刮板输送机。

6）操作“耙爪”手柄，启动耙爪。

7）将操作箱“截割电动机高、低速旋钮”旋至高速位置。

8）按下“截割警报”按钮，警报鸣响，大约持续 5 s。

9）启动喷雾泵，进行喷雾冷却。

10）按“截割运转按钮”启动截割电动机。

至此，启动掘进机工作全面完成，可以开动掘进机进行正常截割作业。

二、掘进机停机顺序

掘进机停机必须按照一定的操作顺序进行，否则就不能正确停止掘进机，甚至会出机械事故、生产事故或人身事故。要想正确停止掘进机，就必须掌握掘进机停机的正确顺序。掘进机的停机方式有正常停机和非正常停机。

1. 掘进机非正常停机

（1）S100 型掘进机急停开关数量及各开关的功能

S100 型掘进机设有 3 个急停开关，分别是电气操作箱急停开关、掘进机右侧急停开关和掘进机左侧急停开关。

1）电气操作箱急停开关。这个开关设在电气操作箱上，当掘进机司机工作中遇有威胁人身或机器安全的情况时，可按此开关，此时全部电动机停止运转。这个开关按下后转动一个方向可闭锁。

2）掘进机右侧急停开关。这个开关设在右侧油箱前部。当掘进机司机工作中遇有威胁人身或机器安全的情况时，在地面工作的副司机按动此开关，即可停止全部电动机运转。该开关按下后逆时针转动一个方向可闭锁，如图 2—13 所示。

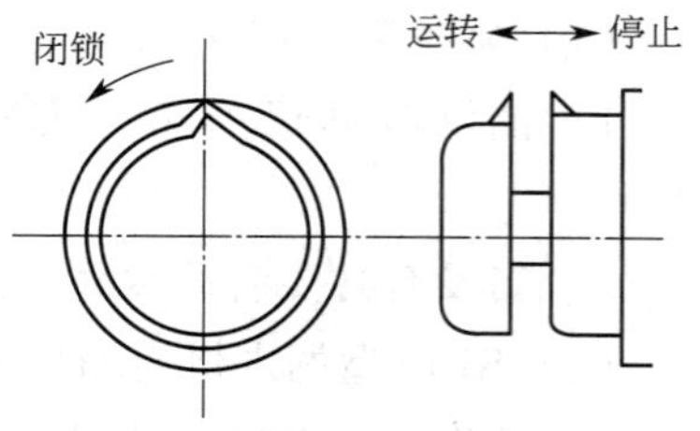

图 2—13　S100 型掘进机右侧急停开关

3）掘进机左侧急停开关。这个开关设在机器左侧液压控制台前部。该开关按下后，只停止截割电动机运转，其他电动机仍可继续运转。该开关也可闭锁。

（2）掘进机必须紧急停止工作的情况

工作面出现冒顶事故预兆和倒棚、出水情况，有大块煤矸卡住了刮板输送机，有危及人身安全的现象，工作面瓦斯超限，掘进机处于危险场合。当正在工作的掘进机遇到上述情况之一时，必须直接按动紧急停止开关使掘进机上的所有电动机停止运转，保证人身和机械设备的安全。

2. 掘进机正常停机

（1）把工作面及两帮浮煤、矸装净，以便架设棚梁。

（2）把刮板输送机与转载机的煤、矸输送干净。

（3）停止掘进机顺序

第一步，按下停止截割头运转的按钮，使掘进机的截割头电动机停止运转。

第二步，按下停止内、外喷雾的按钮，使掘进机上供内、外喷雾的电动机停止运转，停止向掘进机上供水。

第三步，按下停止耙爪的按钮，停止耙爪耙装。

第四步，按下停止刮板输送机的按钮，停止刮板输送机运转。

第五步，按下停止转载机的按钮，停止转载机运转。

第六步，操作控制铲板的液压换向阀，使铲板落地。

第七步，操作控制截割臂的液压换向阀，使截割臂落地。

第八步，操作控制后支撑部的液压换向阀，使后支撑部落地。

第九步，按下停止液压泵的电动机按钮，停止供油。

第十步，按下并切断电气开关箱电源，使掘进机处于停电状态。

第十一步，取下电源开关手柄。

第十二步，按下并停止掘进机上一级电磁起动器。

（4）掘进机停止工作后，应退到安全地点，并将装载铲板放在底板上。对于可伸缩截割头，应将截割头缩回，截割臂放于底板上，关闭水门，吊挂好电缆和水管。

第三节　综掘工作面正常截割工艺

综掘工作面正常截割工艺分为截割头可伸缩截割工艺和截割头不可伸缩截割工艺。

一、综掘工作面截割头可伸缩截割工艺

截割臂可伸缩的掘进机一般都采用纵轴式截割头，截割时掘进机不动就能够完成进刀任务，并且钻进效率高。

1. 掘进机的分类

掘进机按截割头布置方式不同，分为横轴式掘进机与纵轴式掘进机两种，如图 2—14 所示。

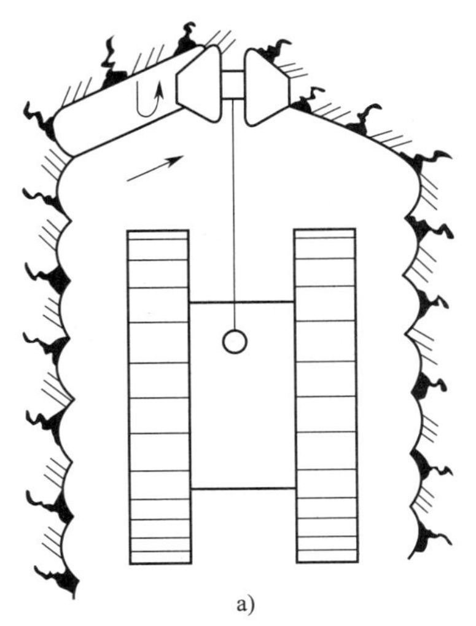

a)

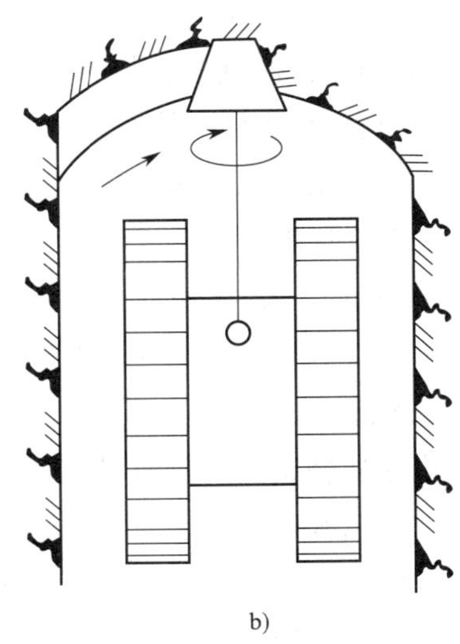

b)

图 2—14　掘进机截割头的形式

a）横轴式掘进机　b）纵轴式掘进机

（1）横轴式掘进机的截割头旋转轴线垂直于悬臂轴线，因此是横向截割，如 AM-50 型和 EBZ-75 型掘进机。

（2）纵轴式掘进机的截割头旋转轴线与悬臂轴线重合，因此是纵向截割，如 S100 型、ELMB 型和 EBJ-75 型掘进机。

2. 横轴式掘进机和纵轴式掘进机截割工艺特点

（1）横轴式掘进机的截割工艺特点

1）工作时截割头截齿按空间螺旋线运动。

2）向工作面推进时，由于受两半球截割头中间的传动箱所限，一次进刀不能超过120 mm，需做多次左右摆动，才能达到截深，截深约为截割头直径的2/3。

3）横向截割较硬矸石时的振动明显低于纵轴式掘进机，稳定性能好。

4）横轴式掘进机工作机构轮系（包括截截头）转动惯量较大，在遇到煤壁阻力瞬间增大时可释放动能，有良好的冲击作用，因此，横轴式掘进机较适合在半煤岩巷和岩巷中使用。

5）横轴式掘进机采用由上而下的截割方法时，悬臂需做一次空摆，延长了每一截割循环所需的时间。

6）由于截割头呈圆形，截割后在两侧巷道壁上出现与截割头形状相一致的弧形台阶，如图2—14a所示。

（2）纵轴式掘进机的截割工艺特点

1）工作时截割头截齿按摆线轨迹运动。

2）向工作面推进时，不受任何限制就可达到截割深度，钻进效率较高。

3）由于截割头横向阻力大于横轴式掘进机，因此，截割较硬岩石时振动较大、稳定性差，为了提高掘进机的工作稳定性，一般机体较重。

4）纵轴式掘进机在煤巷中使用较为经济。

5）截割头呈锥形，能截割出较平整的巷道，如图2—14b所示。

3. 掘进机截割质量要求

掘进机截割质量要求可归纳为“两低、四够、一规整”。“两低”即截割功率低、截齿消耗低。“四够”即按作业规程规定的断面尺寸和规格质量，一次截割要够高、够宽、够深、够远，以利支护。“一规整”即截割出来的巷道断面周边轮廓要规整，既满足支护要求，又不超掘。

4. 纵轴式截割头、截割臂可伸缩的掘进机截割操作方法

（1）清扫场地

掘进机启动后收回截割头，将铲板放至底板，然后移动掘进机至工作面，用截割头清扫工作面迎头及两帮浮煤。

（2）截割柱窝

第一步，掘进机下放后支撑座至适当高度，以增加截割深度。

第二步，将截割头对着工作面左下角，逐渐伸出截割头截割柱窝，如图2—15所示。

第三步，待截割头完全伸出，听到溢流阀动作声音时缩回截割头，将截割下来的煤（岩）用截割头运到铲板附近，装运出去。

第四步，提起后支撑座，将机器向前移动到完全缩回的截割头触及底板为止。

第五步，再次放下后支撑座，伸出截割头，加深截割柱窝深度约200 mm。

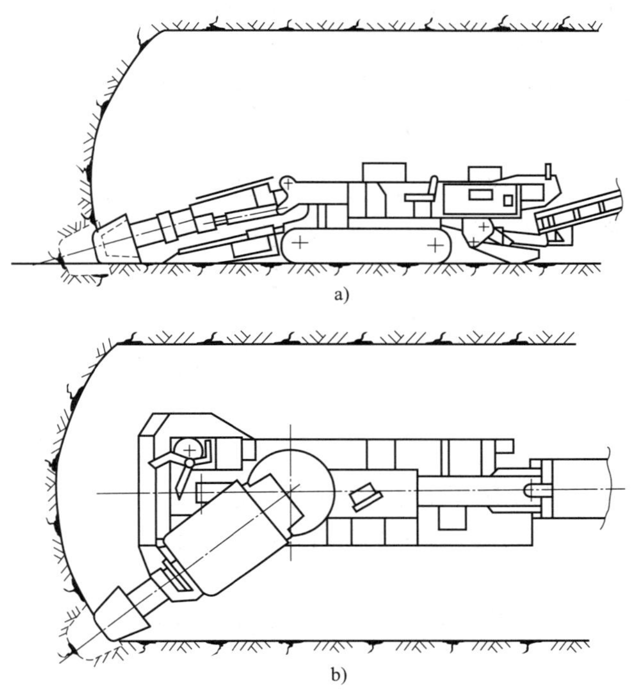

图 2—15　纵轴式截割头截割柱窝
a）主视图　b）俯视图

第六步，再次缩回截割头，提起后支撑座，向前移动机器到截割头触及底板。

第七步，第三次放下后支撑座。

这样两次前进操作是为了使截割头全部切入煤壁，提高工作效率。

（3）横向掏槽

将深入柱窝的截割头紧贴底板向右移动，进行横向掏槽，如图 2—16a 所示。横向截割时，截割头必须在缩回的位置。

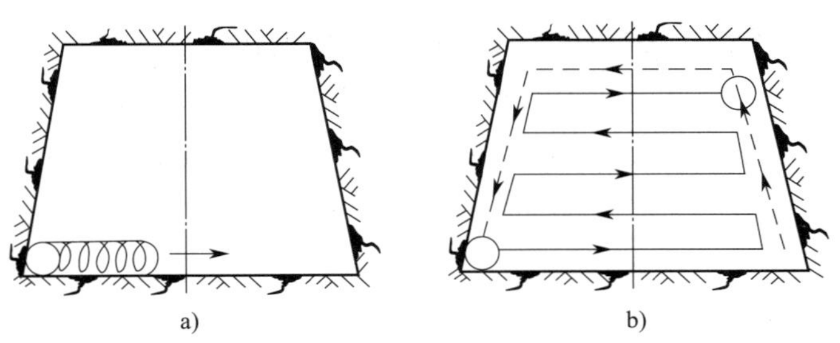

图 2—16　掘进机横向掏槽、迂回截割
a）横向掏槽　b）迂回截割

（4）迂回截割

截割头达到右帮后，向上挑一定的距离，进行迂回截割，这个距离称为跨距。跨距大小根据煤（岩）软硬而定，跨距越大，机器截割效率越高，但应以机器不过载、不出大块煤矸为准。最后以巷道中线为准，用截割头沿如图 2—16b 所示的虚线将工作面两帮、顶板和底板进行一次清理，然后再继续第二个循环截割。

二、综掘工作面截割头不可伸缩截割工艺

截割臂不可伸缩的掘进机，一般都采用横轴式截割头。因此，掘进机必须在前移过程中能够完成进刀任务，并且截割硬煤、矸时稳定性能好。所以在截割臂不可伸缩并截割半煤岩时，一般都采用横轴式截割头、截割臂不可伸缩的掘进机。

1. 纵轴式截割头、截割臂不可伸缩的一般截割操作方法

这类掘进机（如 EBJ-75 型掘进机）的截割臂不能伸缩，依靠行走机构进行钻进，在中等或中等硬度以上煤（岩）的工作面，宜先在工作面中心底部开槽，如图 2—17 所示，以保证掘进机的稳定，中等以下硬度的全煤工作面不受此限。

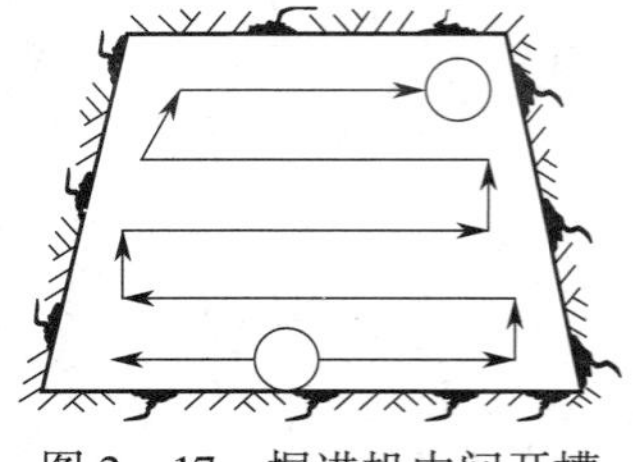

图 2—17　掘进机中间开槽

这类掘进机在行走钻进时应抬起后支撑装置，达到钻进深度后再放下后支撑装置，进行左、右横向截割。钻进深度（截深）应根据煤（岩）层软硬程度而定，即硬浅软深。为了提高截割效率，一般截深不宜小于截割头的长度。跨距的大小以煤能落下、不出大块煤矸为宜。

2. 横轴式截割头、截割臂不可伸缩的一般截割操作方法

这类掘进机（如 AM-50 型掘进机）的截割臂不可伸缩，依靠行走机构进行钻进。其一般截割操作方法如下。

（1）开槽钻进

截割头首次横向截割之前，必须先在工作面开槽钻进，在开槽钻进过程中，依靠行走履带向前移动。对中等以上硬度的煤（岩），应先在工作面的中心开始钻进，以保证掘进机的稳定。由于截割头受中间传动箱空间的限制，在钻进过程中，截割臂必须左右摆动，直到需要的钻进深度，如图 2—18 所示。

必须注意：AM-50 型掘进机向前截割底槽时，不得使截割臂处于左、右极限位置，因为在这种状态下，回转台里的齿轮和齿条得不到溢流阀的保护。因此，为了防止掘进机前移时煤壁或岩壁作用在截割臂上的反作用力损坏齿轮或齿条，机器向前移动前，应先将截割臂从左或右极限位置向内缩回 150~200 mm。

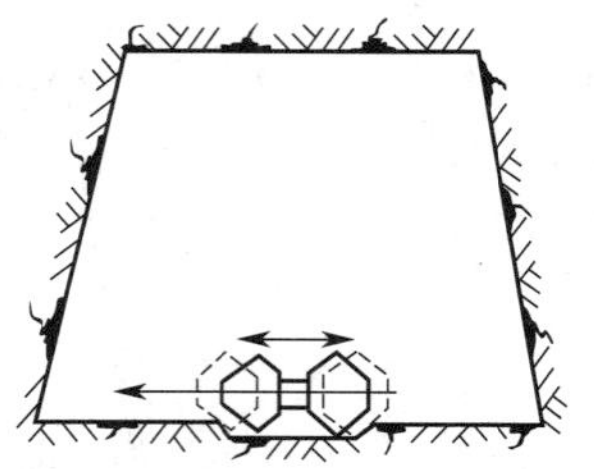

图 2—18　横轴式截割头左右摆动钻进

（2）横向截割

当槽窝的深度达到后，关闭行走电动机，放下后支撑装置，使掘进机后部略微抬高，保证掘进机在截割中有较好的稳定性，然后横向迂回截割，直至完成整个断面的截割工作。

例如，某矿综掘队使用 AM-50 型掘进机，在 8.1 m、8.8 m、10.1 m 等规格梯形巷道断面煤和半煤岩工作面，采用如图 2—18 所示的截割方法，即将截割头从工作面下部切入截割头的 4/5 深度，然后根据巷道的设计标高（底板）逐渐往右下帮落截割头截割柱

窝，再从右帮沿巷道底板割到左帮（即拉底），左柱窝截割完后，抬起截割头再往右帮截割。这样往复几次，直至顶板为止。该综掘队采用这种截割方法曾连续多年年进度超过万米。

第四节　特殊地质条件下掘进机截割工艺

综掘工作面在顶板比较破碎的情况下，有可能发生冒顶事故和压埋掘进机事故，甚至会发生人身伤亡事故，给国家、企业和个人造成重大损失。因此，在特殊的地质条件下，必须采取特殊的截割顺序和截割方法，才能保证煤矿的安全生产。

一、破碎顶板综掘工作面截割工艺

1. 破碎顶板综掘工作面工艺流程

交接班→检查→割煤→敲帮问顶→修帮修顶→移前探梁→钻锚杆眼→注锚杆→挂金属网和钢带→紧固锚杆→清理回收工作面→打锚索。

2. 破碎顶板综掘工作面作业方法

顶板破碎时，应先从巷道顶部截割，并立即架好前探梁护顶，再向下截割。煤层较软或破碎时，可将截割进尺深度调整为400 mm，截割后先敲帮问顶，确认安全后进行超前锚杆支护，然后继续掘进，掘进到作业规程规定深度后方可挂网。掘进半煤岩巷道应先割煤后割岩，即遵循“先软后硬”的原则。

顶板破碎、直接顶易冒落的掘进工作面，为了减少顶板暴露时间，一般宜将工作面分两次截割，先截割工作面1/3的宽度，后截割剩余2/3的宽度，其截割轨迹如图2—19所示。

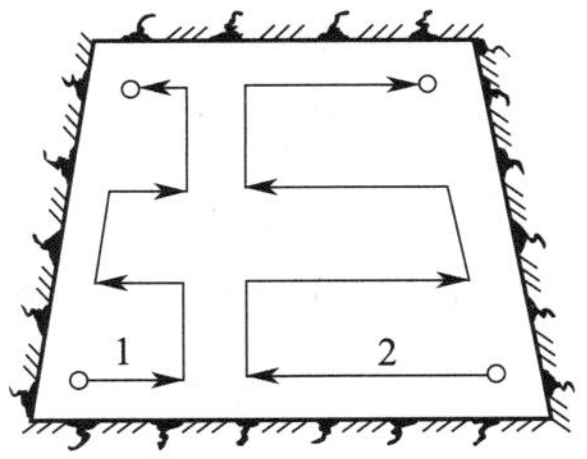

图2—19　破碎顶板下工作面分两次截割

3. 安全注意事项

（1）移前探梁时，前探梁必须用背板背平接实。

（2）作业前，必须在前探梁支架的掩护下操作。用卷尺按照作业规程规定的锚杆间排距确定眼位，并用粉笔或油漆做好记号。钻眼尽量使钻杆垂直巷道轮廓线，钻眼深度要比锚杆长度浅80～100 mm。钻眼时，打眼的顺序应由外向里、先顶后帮。

二、易片帮综掘工作面截割工艺

1. 综掘工作面片帮预兆

（1）巷道顶板下沉、底鼓，巷道帮部鼓帮严重，两帮移近量急剧增大，顶板及两帮煤体破碎。

（2）锚杆失效、断裂或钢带、帮锚杆盘变形。

（3）帮部出现裂隙并张开，裂缝增多。

（4）帮部出现溜帮，且溜帮煤量较大。

2. 综掘工作面预防片帮安全技术措施

（1）工作人员进入施工地点前，应由带班干部、班组长和当班安监员对沿线的巷道支护质量进行检查，发现巷道顶、帮存在冒顶、片帮征兆时，应及时处理，只有在确保巷道支护质量合格后，方可进行施工。

（2）每个掘进工作面都必须严格执行开工前和工作中的敲帮问顶制度，特别是在截割后、打眼、安装锚杆过程中，都应及时、动态地找掉活矸、危岩。找掉顶板危岩时要用长柄工具，并必须遵守下列规定：

1）检查顶板危岩工作应由两名经验丰富的职工负责，班长负责找掉顶板危岩，另一名经验丰富的职工负责观察顶板和监护（支护过程中由掘进机司机进行监护）。找掉人员及监护人员均应站在有完好支护的安全地点，监护人员应站在检查顶板人员的侧面，并保证退路畅通。

2）检查顶板应从有完好支护的地点开始，由外向里，先顶部后两帮，依次进行，检查顶板范围内严禁其他人员进入。

3）检查顶板人员应戴手套，用长柄工具找顶时，应防止煤矸顺杆而下伤人。

4）顶、帮遇有大块断裂煤矸或煤矸离层时，应首先设置临时支护，保证安全后再顺着裂隙、层理慢慢地找下，不得硬刨强挖。

5）敲帮问顶时采用直径不小于 0.02 m，长度不小于 1.5 m 的专用长柄工具。

6）确认找掉合格、无危险后，方准进入工作面。

（3）司机应严格按巷道断面要求进行截割，严禁超宽、超高截割，确保巷道成型质量。

（4）巷道顶帮破碎时，必须加强支护，及时对顶板进行施工及安装帮部超前锚杆，并采取缩小锚杆间排距、锚索间距或增加支撑式支护的支护方式。

（5）严格执行临时支护制度，前探梁前端应有效接触顶板，后端压紧背实。

（6）使用迎头防护网的规定

1）防护网必须完整、牢靠，破损的防护网必须及时更换，不得继续使用。

2）迎头防护网必须与顶、帮金属网有效连接：防护网与顶网不少于 6 处连接，与两帮帮网分别不少于 3 处连接，并且两块网中间不少于 3 处连接。

3）上山施工巷道坡度大于 12°时，必须对防护网底部采取打锚杆或支设单体支柱的方式生根，采用锚杆或单体支柱生根不少于 3 处。

（7）掘进工作面遇有开门口、扩切眼等特殊地点施工时，扩宽侧必须挂网并安装临时护帮锚杆，护帮锚杆不少于 2 根。

（8）锚杆必须紧贴壁面，安装锚杆时必须充分对锚固剂进行搅拌。严禁使用过期、硬化的锚固剂，严禁采用冲砸方式安装锚杆。

（9）加强对巷道支护的检查，发现有失效、断裂的锚杆时，必须及时补打锚杆。

（10）若出现巷道顶板下沉、鼓帮量较大、裂隙张大、裂缝增多等情况，应增加支设单体支柱或架棚，以加强巷道支护。

（11）当掘进工作面遇到下列情况之一时，必须立即停止作业，撤出所有受威胁的人员，并及时汇报矿调度室及有关单位。

1）顶板来压、支护变形速度骤增。

2）瓦斯等有害气体超限、温度骤升或骤降。

3）迎头遇有煤（岩）外移、涌水量增大等突水预兆。

4）巷道顶板离层严重，大量锚杆失效。

3. 综掘工作面易片帮时的截割方法

掘进机在易片帮的工作面作业时，应根据不同情况采取不同的措施，以控制片帮，如图 2—20 所示。

图 2—20　易片帮工作面的截割方法

a）先截割中间后刷帮　b）先截割下帮后截割上帮

（1）一般在易片帮煤层中，掘进机的截割顺序宜先截割综掘工作面的中间，后刷两帮，尽量缩短两帮空顶时间，其截割轨迹如图 2—20a 所示。

（2）在倾斜易片帮煤层中，掘进机的截割顺序宜先截割巷道的下帮，然后再截割巷道的上帮，先截割巷道的底部，然后再截割巷道的顶部，最后在巷道的上角收尾，其截割轨迹如图 2—20b 所示。

三、煤质松软、层理明显、节理发育、顶板条件较好综掘工作面截割工艺

煤质松软、层理明显、节理发育的煤层较易崩落，因此，截割时可不受迂回截割的限制，可先在工作面中部切入，达到截深后，以此为中心，按顺时针方向摆动截割臂做圆周截割，使巷道基本成型后，再用截割头刷帮、钻柱窝，使巷道断面达到设计要求，如图 2—21 所示。

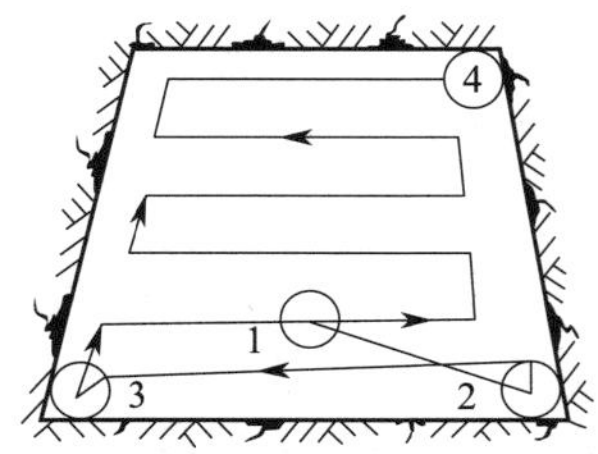

图 2—21　掘进机工作面中部钻进截割方法

四、煤质中硬，层理明显、节理发育、顶板条件较好综掘工作面截割工艺

煤质中硬的全煤工作面，可采用先割底掏槽，然后向上截割右帮，留一定厚度顶煤（截割中部后自动下落），再从左帮向中间截割的方法，如图 2—22 所示。

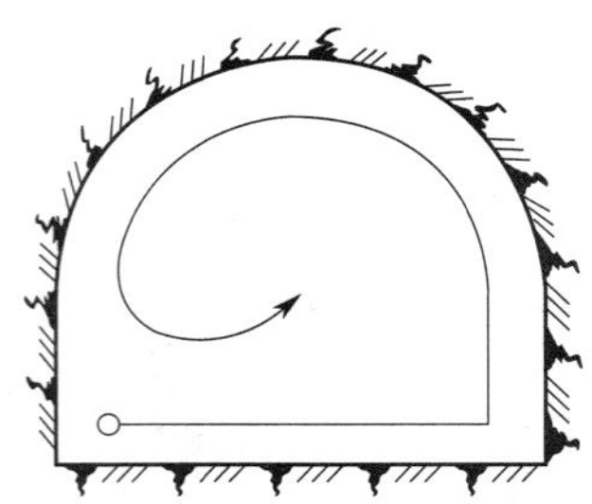

图 2—22　中硬全煤的截割方法

五、综掘工作面遇有夹矸时的截割工艺

综掘工作面如果遇有夹矸时，应根据夹矸软硬程度和厚度分别进行处理：

1. 综掘工作面的夹矸较软时，掘进机可以采用正常方法截割，即夹矸与煤层同时截割。

2. 综掘工作面的夹矸稍硬时，不宜用截割头按正常方法截割，应先在夹矸下的煤层里进行掏槽（即截割），然后再用低速对夹矸进行截割，如图 2—23a 所示。由于夹矸下有自由面，夹矸容易崩落。这样，既减少了掘进机的功率消耗，又降低了掘进机的机械事故概率。

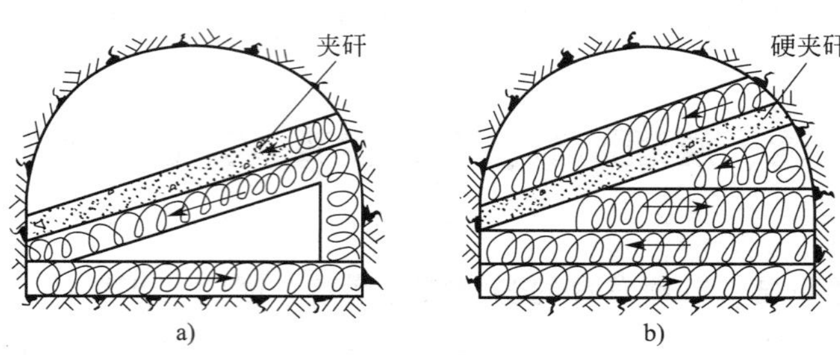

图 2—23　有夹矸工作面的截割方法

a）一般夹矸工作面的截割方法　b）硬夹矸工作面的截割方法

3. 综掘工作面有较硬的夹矸（$f \geqslant 6$），不能用截割头截割时，宜在夹矸周围进行截割，使夹矸坠落，然后处理大块，如图 2—23b 所示。

4. 对于综掘工作面有较硬的夹矸（$f \geqslant 6$），并且夹矸的厚度超过 300 mm 时，必须打眼放震动炮（装药量不超过 3 个药卷），然后再用掘进机截割。放炮时，应将掘进机退出迎头 15 m 以上，防止崩坏掘进机。

六、当工作面宽度超过掘进机定位截割性能时的截割工艺

当掘进机截割宽度达不到作业规程要求的截割宽度时，可以将工作面分两次截割，即掘

进机先沿工作面左侧截割出大半个断面，然后移动掘进机到工作面右侧，截割剩余的小半个断面，如图 2—24 所示。

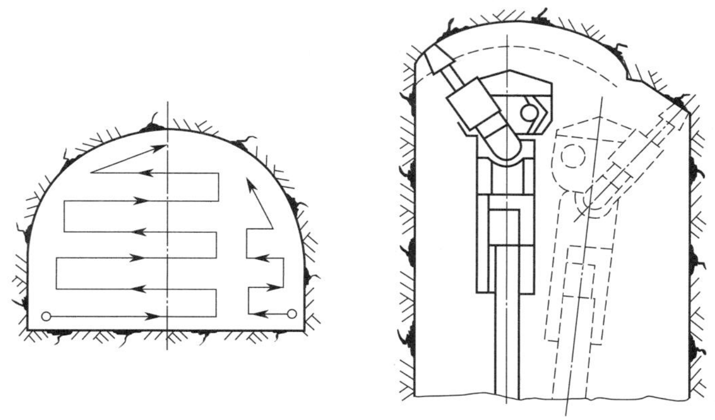

图 2—24　综掘工作面超宽时的截割方法

七、掘进机过断层时的截割工艺

综掘工作面在过断层期间，当岩石普氏系数 $f \leqslant 4$ 时，掘进机要缓慢进入煤层（岩层）截割，减少对煤（岩）帮和顶板的破坏。当巷道出现岩石厚度 0.5 m 以上且岩石普氏系数 $f>4$ 时，严禁使用掘进机直接截割，可采用爆破的方式破碎岩石掘进，掘进机配合出煤（岩）。对大块坠落体，采用适当办法处理后再行装载。

八、倾斜和拐弯综掘工作面的截割工艺

在有倾角的综掘工作面使用掘进机掘进时，如果不采用特殊的技术措施，有可能达不到作业规程的要求，导致工作面的工程质量不合格，浪费人力物力。因此，在有倾角的条件下，掘进机必须采取特殊的措施进行截割。

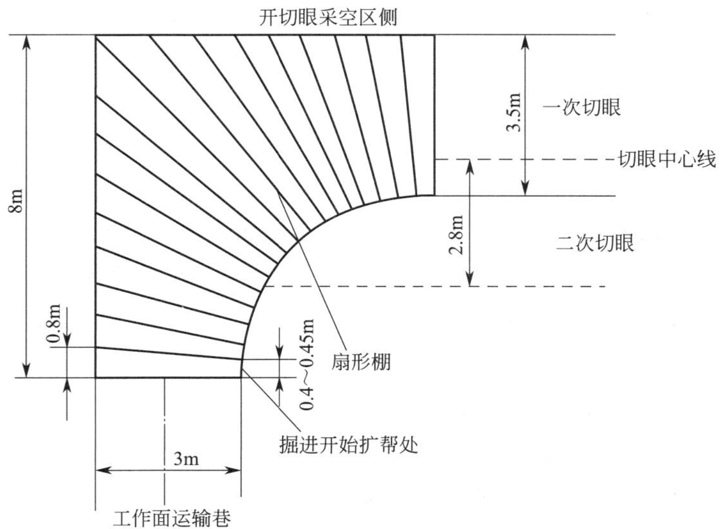

图 2—25　掘进机 90°拐弯施工

使用掘进机从工作面运输巷拐 90°弯掘进开切眼的一般方法是：当掘进机距开切眼的采空区侧 8 m 时，扩大顺槽右帮（左帮仍保持直线），每在右帮截割 0.4~0.45 m 时加宽一次，掘进机不能截割的地方，用炮掘配合，如图 2—25 所示。在拐弯部分架设扇形棚支护，扇形棚外帮棚距为 0.8 m，里帮棚距为 0.4~0.45 m，最长梁为 6.1 m，共架设 17 架棚梁，采用锚杆支护时则不需架设棚梁。待开切眼炮掘一定距离后，掘进机即可进入开切眼，铺设输送机开始机掘。

第五节　掘进机工作注意事项

一、掘进机截割时的注意事项

1. 操作规程对操作掘进机的规定

（1）一般情况下，掘进机截割时，对于软煤应先从工作面下部开始截割；对于硬煤，应采取自上而下的截割方式；对于较破碎顶板巷道，应采取留顶煤或断面周边截割的方法（即将工作面分两次截割，先截割工作面 1/3 宽度，后截割工作面剩余 2/3 宽度，每次截割的轨迹为由下向上走“弓”字或反“弓”字）。掘进半煤岩巷道时，应先截割煤，后截割岩石，即按先软后硬的顺序。截割必须考虑煤（岩）的层理，截割头应沿层理方向移动，不应横断层理。

（2）岩石硬度大于掘进机截割能力时，应停止使用掘进机，并采取其他掘进措施。

（3）根据煤（岩）的软硬程度掌握好掘进机推进速度，避免发生截割电动机过载和压刮板输送机等现象，截割时应放下铲板。如果落煤量大而造成过载时，司机必须立即停止截割或前移掘进机，应将积煤出净后再进行截割。严禁强行点开，以免烧坏电动机或损坏液压马达。

（4）截割头必须在旋转状况下，才能截割煤（岩）。截割头不许带负荷启动，推进速度宜缓慢、均匀，禁止超负荷运转。当截割头已钻在煤壁里时，不许启动截割电动机，必须先退出后，方可启动。

（5）截割头在最低工作位置时，禁止将铲板抬起。截割部与铲板间距不得小于 300 mm，严禁截割头与铲板相碰。截割上部煤（岩）时应防止截齿触及顶网、顶板。

（6）使用带振动功能的掘进机时，必须先空载振动正常后，才能进行截割。遇到坚硬岩石时，应当适当缩小截割深度，不允许长时间空开振动。截割岩石时，必须将铲板、后支撑装置贴于底板，以增加其稳定性。

（7）当油缸行程至终点时，应立即放开手柄，避免溢流阀长时溢流，造成系统发热。

（8）掘进机向前掏槽过程中，不准使截割臂处于左、右极限位置。

（9）司机应经常注意清底及清理机体两侧的浮煤（岩），扫底时应一刀压一刀，以免出现硬坎，防止履带前进时出现越抬越高的现象。

（10）注意掘进机减速器和电动机等部件声响，以及压力表变化情况，若出现不正常的声响及压力表指示异常时，应立即停机检查，查明原因并排除故障后方准继续开机。

(11) 掘进巷道风量不足不准作业，除尘设施不齐全、不可靠不准作业。

(12) 截割电动机长期工作后，不要立即停冷却水，应等电动机冷却数分钟后再关闭水路。

(13) 出现紧急情况，必须用紧急停止开关切断电源，待查明事故原因、排除故障后方可开机。

(14) 无防尘水或喷雾冷却系统不能工作时，油箱中油位低于油标指示范围时，截齿损坏5把以上时，掘进机各连接部位的紧固螺栓松动时，电气闭锁和防爆性能遭到破坏时，不得开机。

(15) 如果出现大块煤（岩）掉落，当煤（岩）块度超过刮板输送机的龙门尺寸时，必须采用适当方法破碎煤（岩）块后再装载，不能用刮板输送机强拉。

(16) 在淋水大的工作面，应将掘进机垫高，确保电动机不被水浸。掘进机在巷道坡度大于10°的上、下山工作面停机时，应采取防滑措施。

(17) 停机后应将所有操作阀、按钮置于零位，松开离合器，切断电源，关好供水开关。

(18) 当班工作结束时，应全面检查掘进机各部件及各种安全保护装置，有问题时应记录在册。

(19) 交班前应清除掘进机上的煤块和粉尘，不许有浮煤留在铲板上。

2. 掘进机操作注意事项与方法

(1) 截割头可伸缩的掘进机前进截割和横向截割时，都必须在截割头缩回的位置进行。否则，掉落的煤、矸极易砸坏或划伤截割头外伸缩套，降低截割头伸缩部的寿命。

(2) 掘进机前进时必须放下铲板，提起后支撑装置，将煤（岩）装尽，以免履带在浮煤上行走。掘进机后退时必须提起铲板和后支撑装置。掘进机停机不用时，应将截割头落下触地。

(3) 掘进机截割前必须先喷雾降尘，工作中停水时不得截割。掘进机在工作时，不能单一地只使用掘进机内喷雾，而必须内、外喷雾同时使用。掘进机缺少截齿、截齿磨损或损坏时，不得开机。掘进机无照明灯时，禁止开机割煤。

(4) 掘进机截割速度（横向）不可过快，应与装载、运输能力相适应，煤（岩）的块度不可过大，以免影响装载和运输。

(5) 操作液压手柄时，不可用力过猛，正反转切换时，操作手柄也不得过快，以免造成液压冲击，损坏机件。

(6) 液压油缸行程至极限位置后，应迅速扳回操作手柄，以免溢流阀长时间溢流发热，损坏机件。

(7) 截割头必须在旋转中钻出，不得停止外拉，不得带负荷启动，不得超负荷运转。应保持机器在满载、高效、最佳状态下工作，充分发挥掘进机的最佳性能。

(8) 截割头降至最低位置时，不得抬铲板，避免耙爪碰撞截割臂，损坏耙爪。截割头下降时，要注意铲板上是否有大块煤、矸压住或碰撞耙爪，造成耙爪故障。

(9) 截割中要随时注意各部件的声音和温度，遇有异常情况时，必须立即停机检查处理。特别是耙爪，埋在煤中作业不易看见，全靠耳听。液压油温度不得超过70 ℃。

（10）使用喷雾时必须先喷雾后截割，先停机后停泵。

（11）要保持巷道中心正确，断面不得因煤软而超掘，或因煤硬而缩小。掘进机司机既要熟练掌握掘进机的操作技术，又要了解掘进工作面的具体情况，以便有的放矢地开展工作。

（12）使用截割臂上棚梁时，必须闭锁截割电动机。不得用截割臂吊装物品。

（13）随时注意顶板情况及两帮的变化，不得空顶作业，如有不安全征兆，应立即停机处理，以防事态扩大。

（14）掘进机工作时，禁止工作人员进行检修或注油，也不得接触掘进机任何部位。

（15）掘进机司机和机组人员工作时应精力集中，通过手势进行联系时，应能正确理解，配合默契。

（16）工作中如果掘进机或人身发生或即将发生事故时，应按动急停开关，立即停机，同时将各操作手柄打到“零”位，待查明原因后方可继续工作。

（17）任何人到工作面检查时，必须闭锁截割电动机。

（18）遇有过硬岩层，不得用掘进机硬割，必须打眼放震动炮处理。此时，掘进机后退至最大可能的距离，并妥善保护照明灯等组件。

（19）掘进机副司机应随时注意电源电缆和水管，不得强行拖拉，不得将电缆水管压埋。

（20）随时注意工作面瓦斯和粉尘浓度的变化。当瓦斯监测报警断电装置发出警报时，必须查明原因，确认无误后方可开机，否则严禁开机。要时刻注意掘进工作面的洒水灭尘工况，严防粉尘集聚。

二、掘进机工作时安全注意事项

1. 掘进机司机接班要求

（1）进入工作面接班地点后，应认真了解上一班掘进机的工作状况。

（2）检查掘进机周围有无杂物，顶板、支护是否完整、牢固可靠，前探梁是否影响截割操作。如有隐患，应进行处理后，再进行检查和维护。

（3）履行接班手续，持证上岗。

2. 掘进机司机作业要求

（1）掘进机司机进入工作岗位应戴好防尘口罩。

（2）检查截齿完好情况，发现截齿短缺，必须立即更换。

（3）试机和开机时，除机组操作人员外，其余人员全部撤至转载机机头外。

（4）试运行正常后方可开动掘进机。

（5）按照作业规程的要求进行截割工作，根据煤（岩）的不同性质确定最佳的截割方式。

3. 掘进机司机交班要求

（1）放空刮板输送机和转载机，清除掘进机上的煤块和粉尘。

（2）履行交班手续。

4. 掘进机司机安全工作要点

（1）必须坚持使用掘进机上的所有安全闭锁和保护装置，不得擅自改动或甩掉不用。

（2）开机前必须发出报警信号，合上隔离开关，按操作顺序进行空载试运转，禁止带负荷启动。如遇落煤量大而造成过载时，掘进机司机必须立即停车，将掘进机退出进行处理。

（3）掘进机司机离开操作台，必须切断掘进机上的电源开关。

（4）当掘进机运行时，遇到片帮、冒顶或断层等地质构造带，以及瓦斯涌出异常、输送机运转失灵、有透水预兆等特殊情况，应立即停止截割进刀，退出掘进机，并停止掘进机运行，及时向班组长及矿调度室汇报。

5.《煤矿安全规程》的规定

（1）开机前，在确认铲板前方和截割臂附近无人时，方可启动。采用遥控操作时，司机必须位于安全位置。开机、退机、调机时，必须发出报警信号。

（2）作业时，应当使用内、外喷雾装置，内喷雾装置的工作压力不得小于2 MPa，外喷雾装置的工作压力不得小于4 MPa。

（3）截割部运行时，严禁人员在截割臂下停留和穿越，机身与煤（岩）壁之间严禁站人。

（4）在设备非操作侧，必须装有紧急停转按钮。

（5）必须装有前照明灯和尾灯。

（6）司机离开操作台时，必须切断电源。

（7）停止工作和交班时，必须将截割头落地，并切断电源。

6. 掘进机工作时的安全注意事项

（1）无照明灯时，禁止开掘进机割煤。截割头运转时，掘进机前方及两侧不得有人。

（2）喷雾灭尘装置不能正常使用时，禁止开机割煤。

（3）液压泵倒转或启动不了时，应立即停机。

（4）截割头电动机启动延时要求在8~11 s范围内。

（5）开始截割时，应使截割头慢速靠近煤（岩），当达到截探后，再根据负荷情况和机器的振动情况加大进给速度。

（6）截割硬岩和掘上、下山巷道及在崎岖不平的底板上作业时，要放下后支撑器支撑。在移动掘进机时，必须将后支撑器先收回。

（7）截割中发生冒顶、倒棚、出水等紧急情况时，应用“急停”旋钮停机。

（8）在架棚过程中，司机严禁离开操作台。

（9）截割时，尽量避免截割头带负荷启动，同时要注意不要让机器经常超负荷运转。

（10）运转中对掘进机的电缆必须倍加保护，避免遭受水淋、撞击、挤压和炮崩。

（11）当用截割臂的臂梁抬起支架顶梁进行支护时，严禁开动截割电动机，此时应锁住截割电动机控制开关的操作手把，以防误动作造成人身伤亡事故。

（12）喷雾除尘水管接头处脱开或喷嘴堵塞严重时，应停机检修，严禁手持水管站在截割头附近直接喷水，以防发生事故。

（13）工作时司机必须注意周围工作人员的安全和自身安全，当掘进机后退时，要提前通知后面的人员。

（14）工作时空顶距不得超过作业规程所规定的最大空顶距，柱窝要挖到底。

（15）下班时，截割臂要升平摆正，然后退出掘进机，以防挂倒棚。

三、掘进机常见伤人事故及预防

在操作掘进机的过程中，由于操作不当或机器出现故障，有可能造成伤人事故。因此，应了解和掌握掘进机常见伤人事故的原因，特别是掌握掘进机常见伤人事故的预防措施，才能保证人身安全和掘进机的安全生产。

1. 掘进机停止运转期间造成的伤人事故

（1）主要原因

在掘进机上工作期间，作业人员从掘进机上坠落，造成事故。发生这类事故的一个原因是个人自我保护意识不强，在工作期间麻痹大意；另一个原因是掘进机倾斜，人员在掘进机上站立不稳，导致滑倒坠落。

（2）预防措施

1）提高职工的自我保护意识，在掘进机上工作期间应精力集中，杜绝麻痹大意现象。

2）掘进机停用期间，截割部要放平。尤其人员站在掘进机截割部进行架棚等作业时，截割部更要放平。

3）保持掘进机的卫生，杜绝浮煤等杂物的堆积，定期对掘进机进行清洗。

2. 掘进机检修期间造成的伤人事故

（1）事故类型

掘进机盖板挤手砸脚事故、漏电伤人事故、起吊重物坠落伤人事故、截割头液压锁失灵导致截割头突然下落伤人事故、后支撑液压缸突然下落伤人事故等。

（2）主要原因

1）机体盖板类有油脂存在或检修人员手脚有油脂，操作期间发生打滑，出现挤手或砸脚事故。

2）电缆、电动机等漏电，以及供电线路检漏保护失灵，致使人员触电。

3）截割头液压锁失灵，人员在操作台上搬动操作手柄，致使截割头突然下降，砸伤截割头下及周围的人员。

4）后支撑装置升起后，没有在履带下打木垛支撑，人员在操作台上搬动操作手柄，致使撑起的机体突然下降，砸伤掘进机下及周围的人员。

（3）预防措施

1）掘进机机体上的油脂要经常冲洗，操作人员的手上、脚上杜绝油脂的存在，消除打滑的客观条件。另外，操作人员工作时要戴好手套等劳动保护用品。

2）经常检查掘进机电气设备，发现漏电现象要及时处理。尤其是供电线路上的漏电保护装置动作时，要查明原因，杜绝强行送电现象。

3）截割头液压锁失灵时，要及时更换失灵的液压锁，严禁人员在没有采取任何安全措施的前提下，在截割头下方作业。掘进机停用期间，严禁无关人员操作液压操作台上的手柄。确需在截割头下作业时，要设专人看管操作台，并采取可靠措施防止截割头下落。

4）在掘进机下方作业时，升起后支撑装置后，要在两侧履带上或机体下方打上木垛支撑。后支撑液压缸升起后，应设专人看管操作台，严禁无关人员随便动操作台上的手柄，在没有采取安全措施的情况下，严禁人员进入掘进机下工作。

3. 掘进机突然启动造成的伤人事故

（1）主要原因

在更换掘进机截齿、检修掘进机或从事与掘进机有关的其他工作时，因人员的误操作造成掘进机突然启动而导致。

（2）预防措施

1）更换截齿时，必须断开电气开关箱上的隔离开关，切断掘进机的供电电源。

2）除掘进机司机外，严禁其他无关人员操作掘进机。

3）检修掘进机或从事与掘进机有关的其他工作时，必须按下电气操作台上的“急停”按钮，并可靠闭锁，或者断开电气开关箱上的隔离开关，切断掘进机的供电电源，并设专人看管或监护。

4. 掘进机运转期间造成的伤人事故

（1）事故类型

掘进机运转期间造成的伤人事故包括挤人事故、烫伤事故、砸伤事故、瓦斯事故和煤尘事故。

（2）事故原因

1）造成挤人事故的主要原因是在掘进机工作期间前方及两侧有人，而司机及两侧的人员精力不集中，麻痹大意。

2）造成烫伤事故的主要原因是掘进机的油温过高，造成高压油管、阀组等液压元件漏油，喷出的高压油极易发生烫伤事故。

3）造成砸伤事故的主要原因是掘进机工作期间大块煤从转载带上掉落，或者转载带小跑车从轨道上脱落，砸伤有关人员。

4）造成瓦斯事故的主要原因是瓦斯浓度超限。

5）煤尘事故主要是煤尘爆炸和煤尘对人体健康造成的损害。

（3）预防措施

1）预防掘进机挤人事故的主要措施

①掘进机工作期间前方及两侧严禁有人，否则严禁开机。

②掘进机工作期间，司机要精力集中，随时注意掘进机前方及两侧的变化，发现有人员工作或停留时立即停止掘进机运转。

2）预防烫伤事故的主要措施

①严禁无水开机。

②及时更换胶皮脱落的高压油管。

③用盖板对掘进机高压油管、阀组等液压元件进行封闭。

④油温过高时严禁开机。

⑤司机操作时必须穿好工作服等劳动防护用品。

3）预防砸伤事故的主要措施

①掘进机工作期间，人员严禁在转载带周围工作或停留。设专人看管转载带小跑车，严防掉道现象的发生。

②在转载带小跑车处设立能紧急停止掘进机运转的“急停”开关，当发现险情时，看管小跑车的人员立即拉下“急停”开关，停止掘进机的运转。

③截割时，尽量少出或不出大块煤（或矸石）。

4）预防瓦斯事故的措施

①掘进机上必须安装能切断掘进机供电回路电源的瓦斯报警断电装置，并正确使用。当发生报警时，必须立即停止掘进机运转，查明原因，采取措施，否则严禁开机。

②风筒到迎头的距离要符合作业规程的要求，杜绝风筒脱节或扎破风筒的现象。

③保持电气设备完好，消除失爆现象，杜绝外因火源的存在。

④专职瓦斯检查员要按规定检测掘进工作面的瓦斯情况，发现异常情况要立即通知现场作业人员，以便采取相应的措施。

⑤如发现现场作业人员有胸闷、心跳加快、呼吸困难等缺氧征兆时，要立即撤出人员，加强通风。

5）预防煤尘事故的主要措施

①掘进机截割过程中必须进行喷雾降尘，否则不得开机截割。

②对巷道进行洒水降尘，消除煤尘积聚现象。

③保持电气设备完好，消除失爆现象，杜绝外因火源的存在。

④采用湿式除尘风机进行通风，安装全断面喷雾并正常使用，降低工作面粉尘浓度。

⑤风筒到工作面的距离要符合作业规程的要求。

⑥工作面作业人员应佩戴防护口罩。

第六节　岩巷综掘工作面截割特点与操作注意事项

一、岩石掘进机概述

岩石掘进机可分为部分断面岩石掘进机和全断面岩石掘进机两大类。

1. 全断面岩石掘进机

全断面岩石掘进机由主机和后配套系统两大部分组成。主机用于破碎岩石、装载、转载，后配套系统用于出渣、支护、衬砌、回填和灌浆等。主机主要包括刀盘、刀盘驱动、主轴承及密封装置、支撑和推进机构、定位导向系统、操纵控制室等。后配套系统是由一系列轨道工作台组成的台车，其主要装置有掘进机及辅助设备的液压和电动装置、变压器及电缆、输送石渣的带式输送机、机械传动装置、起吊设备、装卸轨道、混凝土预制管片、消尘器、供风系统、排气设备、水泥灌浆系统、激光导向系统和安全保护系统等。

（1）全断面岩石掘进机的破岩原理

全断面岩石掘进机靠安装在机头刀盘上的刀具旋转来完成破岩。掘进机工作时，支撑和推进机构的支撑构件紧压工作面岩壁，使主机架固定，在液压系统的推力作用下，安装在刀盘上的盘形滚刀绕刀盘中心轴公转，并绕自身轴线自转，工作面的岩石被盘形滚刀挤压、破裂而形成多道同心圆沟槽，相邻的两把滚刀正好压碎相邻的全部岩石。由于滚刀不断地截割岩石，沟槽深度不断增加，岩体表面裂纹加深、扩大，相邻沟槽间的岩石成片剥落，刀盘刀具在压紧状态下不断地公转、自转，完成破岩这一工序。

（2）全断面岩石掘进机的分类

1）支撑式（开敞式）全断面岩石掘进机。这种掘进机利用支撑机构撑紧洞壁以承受向前推进的反作用力及反作用转矩，适用于岩石整体性较好的隧洞。如遇有局部破碎带及松软夹层岩石，则掘进机可由所附带的辅助钻孔灌浆设备预先固结周边一圈岩石，然后再开挖。这种掘进机适合的洞径为 2~9 m，最优选择 3~7 m。

2）护盾式全断面岩石掘进机。这种掘进机在整机外围设置与机器直径一致的圆筒形护盾结构，又可分为单护盾、双护盾（伸缩式）和三护盾三类，以利于掘进松软破碎或复杂岩层。当遇到复杂岩层，岩石软硬兼有，则可采用双护盾掘进机。遇软岩时，软岩不能承受支撑板的压力，由盾尾液压缸支撑在拼装的预制衬砌块上或钢环梁上，以推进刀盘破岩前进；遇硬岩时，则靠支撑板撑紧洞壁，由前液压缸推进刀盘破岩前进。

三护盾掘进机有前、中、后三套护盾，两套支撑板和两套推进液压缸系统，掘进时两套支撑板和推进液压缸交替工作，可实现连续掘进，大大提高了小时进尺。

3）扩孔式全断面岩石掘进机。这种掘进机工作时先打导洞，然后扩孔成洞，适用于直径 6 m 以上隧洞。采用这种掘进方法可掌握详细工程地质和水文地质资料，可预测将要采用的扩孔掘进机的技术性能参数，有助于合理组织施工，有利于通风、地下水、瓦斯及预防性安全等的处理。

4）摇臂式全断面岩石掘进机。这种掘进机的刀具和摇臂随机头一起转动，摇臂的摆动由液压缸活塞杆的伸缩来传递，通过摇臂使刀具内外摆动，转动与摆动两种运动合成，使刀具以空间螺旋线截割岩石，可掘进圆形或带圆角的矩形隧洞断面。

这种掘进机质量轻、搬运方便、造价低；机身有足够的空间布置钻眼及灌浆设备，作业情况容易直接观察；洞壁支护衬砌后，整机能够退出洞外；推力小、支撑比压小，适用于开挖岩石较软的隧洞。

（3）全断面岩石掘进机的主要优点

1）快速。这种掘进机可以实现连续掘进，能同时完成破岩、出渣、支护等作业，并一次成洞，掘进速度快、效率高。

2）优质。这种掘进机实行机械破岩，避免了爆破作业，成洞周围岩层不会受爆破振动而破坏，洞壁完整光滑，超挖量少，一般小于开挖隧洞断面面积的5%，减少了衬砌量。

3）经济。这种掘进机施工速度快，缩短了工期，大大提高了经济效益与社会效益，由于超挖量小，节省了大量衬砌费用。

4）安全。用这种掘进机施工，改善了工人的劳动条件，减轻了体力劳动量，避免了爆破施工造成的人员伤亡，事故大大减少。

因此，全断面岩石掘进机特别适用于城市地下工程、河海地下隧道及山区隧洞的开挖。目前，对1 km以下短洞或地质特别复杂（如大规模岩溶、涌水、断层兼有）的情况，则全断面岩石掘进机难发挥其优势。

2. 部分断面岩石掘进机

（1）主要用途

部分断面岩石掘进机适用于硬度$f\leqslant13$的岩巷、半煤岩巷的掘进，也可在公路、铁路、水利等隧道施工工程中使用。

（2）主要特点

1）采用计算机控制，整机实现全无线遥控控制、智能成型截割和恒功率截割。

2）超强的结构件设计理念，保证整机足够的质量，截割岩石时机身稳定，机重达125 t。

3）先进的集中润滑系统，保证各部位工作正常可靠。

4）高效的分装分运电驱动系统，更加适应岩巷掘进。

5）新的铲板设计思想，先进的截齿、截齿座，通过计算机辅助设计，保证截割头的破岩能力。

二、岩巷综掘工作面截割特点

1. 主要设备

EBZ200h型或EBZ220型等悬臂式掘进机、YT-28型风动岩机、MQT-120J型锚杆锚索钻机、带式输送机。

2. 工艺流程

（1）截割顺序和循环进度

岩性稳定时采用由下向上逐行截割的方式进行截割，若岩性不稳，则由上向下截割。

岩性较稳定时，每刀循环进尺控制在1.2~1.6 m，截割后及时进行锚索网（或架棚）支护。岩性不稳定时，每刀循环进尺控制在0.6~0.7 m。

（2）工艺流程

安全检查（顶板、瓦斯、工程质量等）→掘进机割岩→敲帮问顶→临时支护→出矸→施工锚杆→整理工程。

3. 岩石掘进机正常操作步骤

（1）开机前检查

1）检查周围的安全情况，并且注意巷道环境温度、有害气体等是否符合规定。

2）检查各注油点油量是否合适，油质是否清洁。

3）检查各接合面螺栓是否齐全、紧固。

4）检查各电缆是否吊挂不良或绷得太紧，是否有外部损伤、漏电现象。更要充分注意不要被掘进机压住或卷入履带内。

5）检查所有机械、电气系统裸露部分是否都有护罩，振动筛是否安全可靠。

经以上检查确认安全无误后，方可开机。

（2）正式运行前准备工作

1）先按按钮使电动机微动，以确定其运转方向是否正确。

2）开机前先鸣响报警，打开照明灯。

3）电动机空载运行 3 min，观察各部位声响、温度是否正常，有无卡阻或异常现象。

（3）正式运行

1）操作手柄时要缓慢平稳，不要用力过猛。

2）司机严格按指示板操作，熟记操作方式，避免由于误操作而造成事故。

3）尽量不要频繁点动电动机。

4）输送机通过物料块度有限制，当有大块煤或岩石时，应事先破碎后再运走。

5）当输送机反转时，注意不要将输送机上面的块状物卷入铲板下面。

6）当启动截割电动机时，应首先鸣响警铃，确认安全后再启动开车。

7）割煤时必须进行喷雾，确认有喷雾时方可割煤。

8）截割头不能同时向左又向下、向右又向下，必须单一方向操作。

9）当机械设备和人身处于危险场合时，可直接按动紧急停止开关，此时全部电动机停止运转。

10）当油温升到 70 ℃以上时，应停机检查液压系统和冷却系统。

11）当冷却水温升到 40 ℃以上时，应停机检查温升的原因。

12）注意前部截割头和后部转载机，不要碰倒左、右支架。

13）当进行顶板支护或检查、更换截齿作业时，为防止截割头误转动，应将操作箱上的“支护/工作”转换开关严格地转向“支护”位置；同时应将设在司机席前方的截割电动机“紧急停止按钮”按下，并逆时针锁紧（在此状态下，液压泵电动机还能启动，各控制阀也能操作，因此操作时必须充分注意安全）。

14）当掘进机行走时，必须将前部铲装板和后部气腿全部抬起。

三、岩石掘进机操作时的注意事项

1. 启动前注意事项

（1）非掘进机操作者不得操作机器。

（2）操作者在开机前必须检查确认设备周围确实安全。

（3）必须检查确认顶板的支护可靠。

（4）每天工作前应认真检查机器状况。

2. 操作中注意事项

（1）发现异常应停机检查，处理好后再开机。

(2) 截割头必须在空载旋转工况下才能向煤（岩）壁钻进。

(3) 掘进机前进或后退时，必须收起后支撑装置，抬起铲装板。

(4) 截割部工作时，遇“闷车”现象应立即停车，防止截割电动机长时间过载。

(5) 对大块掉落的煤（岩），应破碎后再进行装载。

(6) 输送机减速器中的湿式摩擦离合器打滑时间为 15 s。若在使用过程中出现打滑现象，应及时关闭截割电动机和装运电动机，避免有关零部件损坏。

(7) 液压系统和供水系统的压力不能随意调整，需要调整时应由专职人员进行。

(8) 若油箱油温大于等于 70 ℃，此时油温指示灯亮，移动式破碎站应停机冷却，降温后再开机工作。

(9) 若油箱油位低于工作油位，指示灯亮，应停机注油。

(10) 注意观察油箱回油滤清器上的压差指示器，若指针从绿色指到红色，即需更换滤芯。

(11) 加油时，必须用洁净的容器，避免油质污染造成元器件损坏。

(12) 若外喷雾供水压力低于 1.5 MPa，需打开水泵站中与减压器并联的球阀，以保证冷却水供应。

(13) 掘进机工作中，若遇到非正常声响和异常现象，应立即停机查明原因，排除故障后方可开机。

思考练习题

1. 掘进机按照截割滚筒的布置方式如何分类？各有什么特点？
2. 使用掘进机掘进巷道有哪些优点？
3. 检查综掘工作面支护有什么方法？
4. 掘进机机体自身检查有什么方法？
5. 合理选择截割方式与工艺的一般原则有哪些？
6. 掘进机启动顺序是什么？
7. 简述综掘工作面破碎顶板的截割工艺。
8. 简述综掘工作面遇有夹矸时的截割工艺。
9. 简述掘进机的操作注意事项与方法。
10. 掘进机司机作业时有哪些要求？
11. 简述掘进机在运转期间造成的伤人事故的类型和原因。
12. 岩石掘进机的正确操作步骤是什么？

第二章

综掘工作面设备安装、撤除与搬迁技术

学习目标

1. 了解综掘工作面设备安装要求和搬迁准备事项。

2. 掌握综掘工作面设备正确安装要领、撤除注意事项和快速搬迁相关知识。

3. 能正确安装综掘工作面主要设备，能安全撤除综掘工作面主要设备部件，能组织综掘工作面快速搬迁。

随着掘进机械化速度的加快，综掘工作面设备安装与撤除的频率也越来越快。综掘工作面设备的快速安装与撤除是综掘工作面高产、高效的主要措施之一。

第一节　综掘工作面设备安装与撤除技术

综掘工作面设备的安装工作较为复杂，设备多、吨位重、体积较大，又由于综掘工作面掘进速度快，设备安装的次数增多，因此，用最短的时间、最少的费用及最好的方法来完成综掘工作面设备的安装，对于保证矿井生产接续具有十分重要的意义。

一、掘进机安装技术

1. 掘进机安装顺序

掘进机的卸车顺序与井下运输顺序大致相同，但由于现场安装工作的实际需要，在实际安装过程中，其安装顺序与卸车顺序略有不同，有的先卸车后安装，有的边卸车边安装，其目的是便于安装。掘进机各部件安装顺序见表 1—3。

2. 掘进机安装注意事项

（1）当起吊各组件时，必须按吊孔和吊环所定的位置挂钢丝绳。

（2）当安装销子及螺栓时，必须涂防锈油或润滑脂。

（3）在有防尘圈的部位装销子时，必须注意不要划伤其防尘圈。因此，在插销子时，应一边稍稍转动，一边插入。

（4）在调整螺栓等露出的螺纹部分时，为防止生锈，应涂润滑脂。

（5）紧固螺栓时应按规定进行操作。

（6）更换易损件时，应先用油清洗，然后用高压气体吹净后装入。

（7）各共装部位必须符合装配要求。

（8）各紧固部位必须均匀紧固，防止由于紧固不均匀而造成组件偏斜，影响正常使用。

（9）各部位的连接螺栓必须使用规定的螺栓，不得用其他型号的螺栓代替。

3. 掘进机安装方法

（1）掘进机本体部和履带部的安装

1）利用截割部机架销孔部和本体后部的销孔部作为起吊位置，用钢丝绳将本体部吊起。

2）用枕木将本体部垫起，使其由地面距履带部的安装面距离为 400 mm 以上，如图 3—1 所示。本体部应放平、放正。

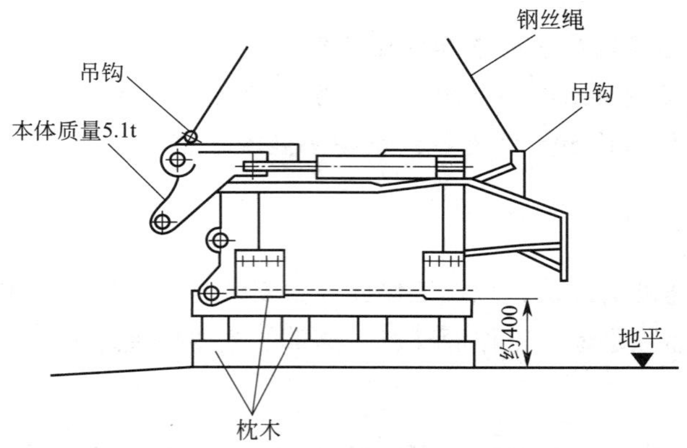

图 3—1　S100 型掘进机本体部的安装

3）用钢丝绳将一侧的履带部吊起，与本体部相连接。

4）用枕木等物垫在已装好的履带下面，以防偏倒。

5）用相同的方法安装另一侧履带。

6）两侧履带连接完后，用同样的方法将本体部吊起，抽出其下方的枕木等物，如图 3—2 所示。

（2）后支撑部的安装方法

吊起后支撑部，与本体部的后部连接（见图 3—3），紧固连接螺栓。连接螺栓的紧固力矩为 880 N · m。

（3）铲板部的装配方法

1）用钢丝绳将铲板中心部吊起，与本体的机架相连接，如图 3—4 所示。

2）安装铲板升降用的液压缸。

3）安装铲板两侧部分。注意此时不要把铲板的两侧部分紧固，应与中心部分保持 20 mm 以上的间隙，为安装左、右耙爪创造条件。

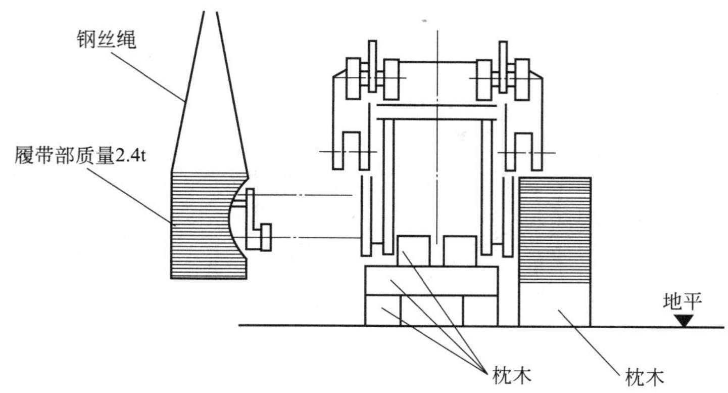

图 3—2　S100 型掘进机履带部的安装

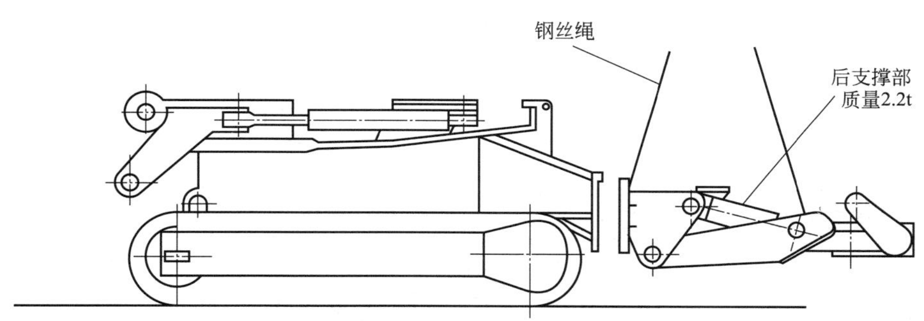

图 3—3　S100 型掘进机后支撑部的安装

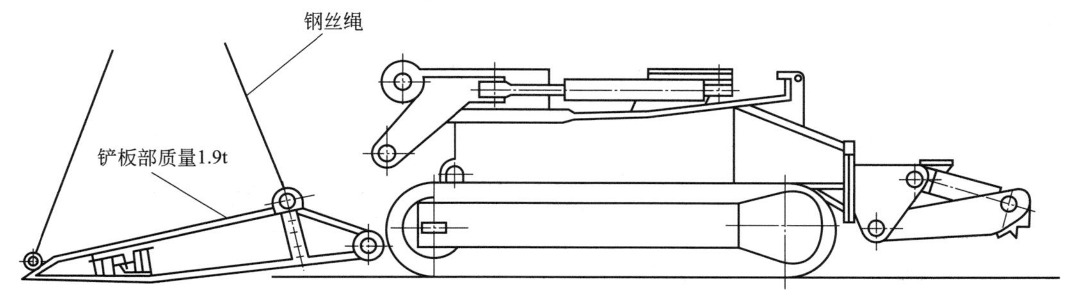

图 3—4　S100 型掘进机铲板中心部的装配方法

4）安装左、右两个耙爪。注意，右耙爪是用一个液压马达通过中间轴驱动的，因此，如果装配方法不对，则会造成两个耙爪相互碰撞，应按如图 3—5 所示的位置进行装配。转动偏心圆盘，确认耙爪的正确位置后，再连接中间传动轴。

5）最后紧固各连接螺栓。

（4）第一输送机的装配方法

1）用钢丝绳将输送机吊起，从后方插入本体机架内，如图 3—6 所示。

2）输送机的溜槽装好后，按如图 3—7 所示的方法安装、调整刮板链。

3）当第一输送机的溜槽与铲板连接后，紧固固定螺栓，开始装入链条。

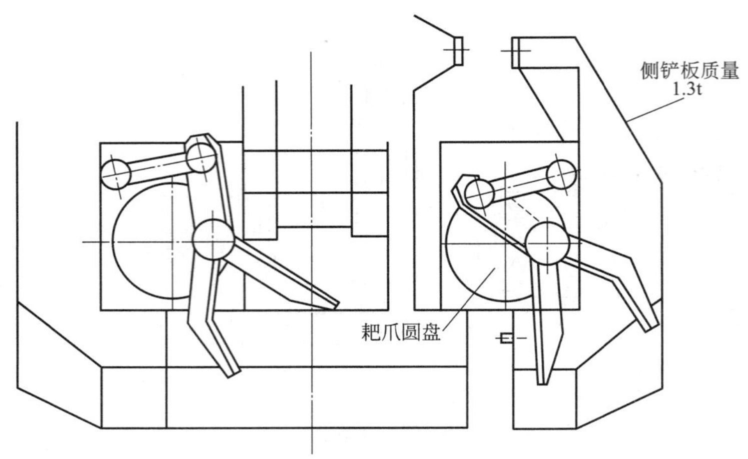

图 3—5　S100 型掘进机耙爪的装配方法

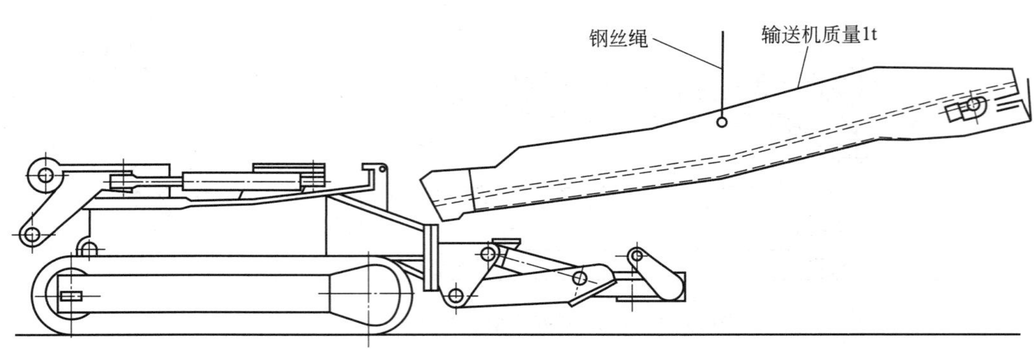

图 3—6　S100 型掘进机第一输送机的装配方法

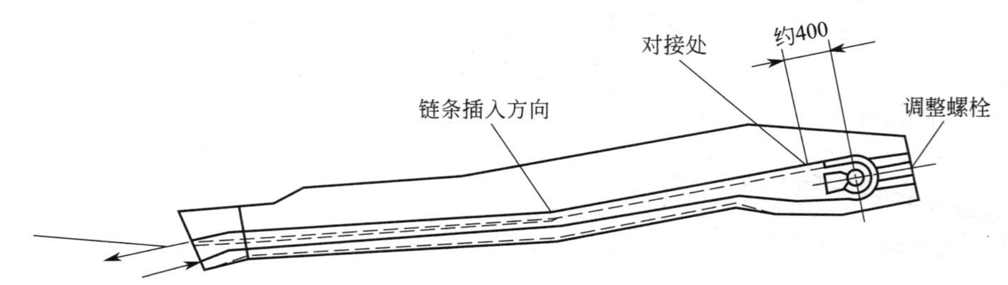

图 3—7　S100 型掘进机刮板链的安装与调试

4）将链条的调整螺栓完全松开，同时也将输送机用的减速器向前推移。

5）将链条的一端用长的铁丝捆住，由上部向前引入，在前导轮处反向，由链条的返回侧拉出铁丝。

6）在溜槽后端的链轮处，将链条向上弯曲至与链轮轮齿相啮合后，用连接环把链条连接好。

7）用调整螺栓将链条调至规定的张紧度。

（5）截割部的安装方法

1）用钢丝绳将截割部吊起，与本体机架相连接，如图 3—8 所示。

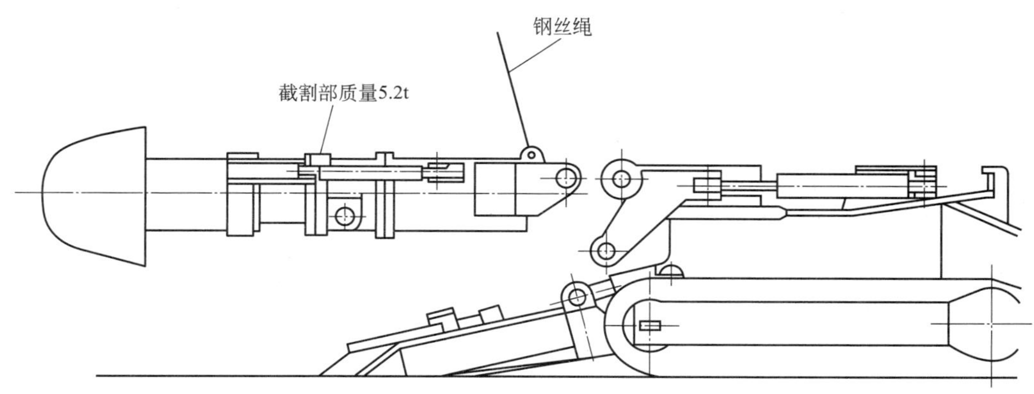

图 3—8　S100 型掘进机截割部的安装

2）安装截割头上下用的液压缸。

3）装好后使截割头前端与底板接触，或者用枕木垫起。

（6）连接配管的方法

由操作台切换出来的配管和横贯操作台的配管必须由下侧依次排列整齐。另外，当分解或装配时，必须把相连接的配管与接头扎上对应的标签，如图 3—9 所示。

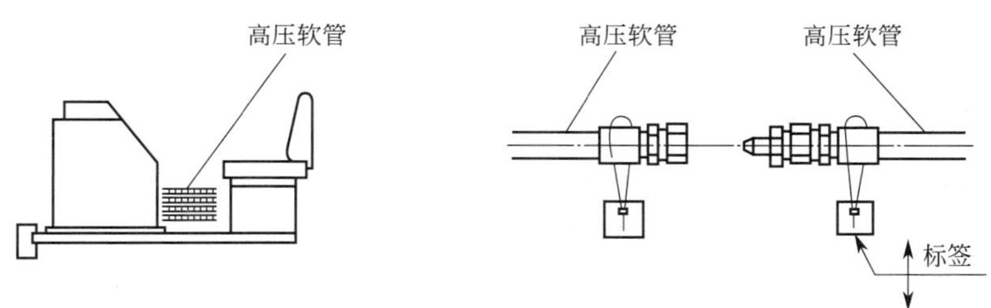

图 3—9　S100 型掘进机配管的安装方法

操作台、电气开关箱、液压箱、液压系统部、第二输送机的安装方法比较直观、简单，在此不再赘述。

二、掘进机解体技术

综掘工作面设备解体是一项既烦琐又复杂的工作，要想又快又好地解体综掘工作面的设备，就必须有一个科学解体设备的方法。

1. 掘进机解体注意事项

（1）根据所需要通过的巷道断面尺寸（宽和高），决定设备的分解程度和数量。

（2）拆卸时，对配合较紧的零部件，必须使用专用工具，不得用大锤强行敲打，避免损伤零部件，造成安装困难。

（3）用台车运输时，充分考虑台车的承重能力和运输中货物的窜动。用钢丝绳紧固设备时，应防止给设备带来不利影响。

（4）吊装有机加工面的部件时，钢丝绳不得与机加工面直接接触，必须加垫木板。用钢丝绳捆绑时也是如此。

(5) 拆卸液压系统高压腔管时，不必将两端都拆开，只将与液压缸或马达连接的一段拆开并用塑料布包扎好，然后卷捆在液压操作台上，以利于安装。

(6) 解体后的各种销子、螺栓、挡板和垫圈等小件物品应用箱子装好，以免丢失。特别是各种专用高强度螺栓必须用专用容器保管。各种小部件应与相应的分解部分一起运送。

(7) 电气缆线也不需两端全部拆开，只需将与动力部分连接的接头拆开，随电源箱一起运输。拆开的接头必须做好记号，以免安装接错。电气设备必须用塑料薄膜覆盖。

(8) 拆卸与安装应为同一组人员，特别是指挥人员不得随意更换，司机也应参加拆卸与安装，以便熟悉掘进机的结构，提高操作水平。掘进机解体顺序见表 3—1。

表 3—1　　掘进机解体顺序

解体顺序	组件名称	备注	解体顺序	组件名称	备注
1	各种盖板		8	操作台	
2	第二部输送机		9	液压系统部	
3	截割部		10	电气开关箱	
4	第一部输送机		11	第二部输送机回转部	
5	铲板两侧部分		12	后支撑部	
6	铲板中心部		13	履带部	
7	油箱		14	本体部	

2. 掘进机装车注意事项

(1) 矿车要进行编号，根据安装的先后顺序确定矿车的次序，先安装的部分应先入井，后安装的部分后入井；同时还要考虑大机件的方向，到工作面必须符合安装方向的要求。

(2) 掘进机装车必须捆绑牢固，严防运输途中组件的上窜下滑，严禁组件超出车外。

(3) 在装车过程中，吊装作业要小心轻放，避免碰坏组件、管线等。

3. 轴头有螺孔的销轴的拆卸方法

轴头有螺孔的销轴，应用“撞击”工具进行拆卸，如图 3—10 所示。将滑杆一端的螺纹拧入轴头，然后用滑锤在滑杆上对另一端的螺母进行撞击，这样就能较稳地将销轴拆开而无损伤。滑杆的两端都有螺纹，不同直径的螺纹与不同销孔的螺纹相配合。

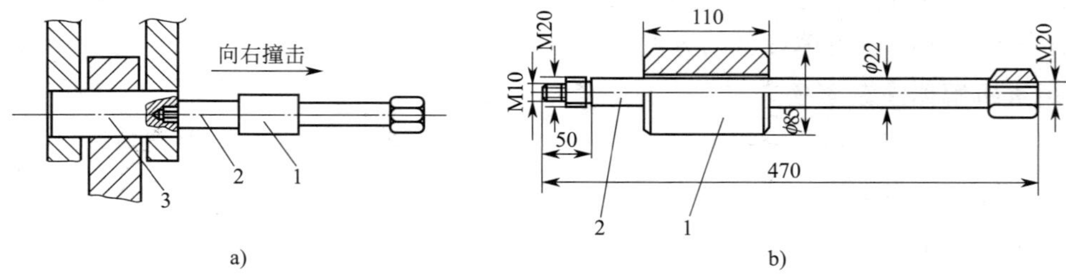

图 3—10　销轴的拆卸

a) 销轴的拆卸　b)“撞击”工具

1—滑锤　2—滑杆　3—销轴

4. 高压管接头处理方法

拆卸后的高压胶管应用接头体把两个接头连接在一起，如图 3—11a 所示，无接头体时，应用塑料布将接头包扎好，如图 3—11b 所示，以免进入尘土。

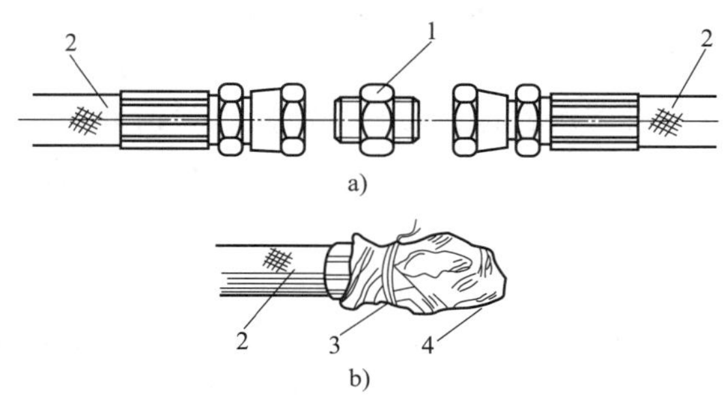

图 3—11　胶管接头的处理

a）用接头体连接　b）用塑料布包扎

1—接头体　2—管接头　3—铜丝　4—塑料布

第二节　综掘工作面设备搬迁技术

综掘工作面搬迁工作大体由工作面设备撤除、新工作面设备安装和设备运输三大部分组成。在同等条件下，各个工作面搬迁的工作量是基本相同的，而有的生产单位能做到快速搬迁，有的却不然，其关键在于搬迁的准备工作和组织工作。

一、综掘工作面搬迁准备

综掘工作面搬迁工作是一项既费时又费工的工作。搬迁时涉及工种多，人员多，设备重而大，因此，必须充分做好综掘工作面搬迁时设备装车方法的选择及准备工作。

1. 综掘工作面搬迁准备工作

（1）明确指挥成员

成立由分管综采的副矿级领导为组长，生产、机电、运输、通风及调度等有关部门人员参加的设备撤除领导小组。

（2）制订搬迁计划

制订搬迁计划，包括制订搬迁方案、程序、方法、任务分工、劳动组织、质量要求、安全技术措施、搬迁所需设备及材料的准备等。

（3）编制搬迁方案

1）确定搬迁顺序。综掘工作面设备搬迁的顺序一般为掘进机→掘进机后配套设备→输送机，支护设备可与工作面设备同时或先行撤除。

2）选择搬迁方法。综掘工作面设备搬迁难度最大的是掘进机，其搬迁方法有整体搬迁和分体搬迁两种，而大多数情况下采用的是分体搬迁。

（4）做好工程准备

根据搬迁方案，在规定地点提前掘出供搬迁用的辅助巷道或硐室，并铺设好轨道。根据搬迁需要，在装车点进行挑顶、挖底（或挖地槽），并在需要地点安装拉架和起重用绞车、起重机具、变向滑轮及必要的信号装置。在工作面设备搬迁前，要对工作面所有设备进行一次完好状况检查，对影响搬迁安全的问题要提前进行处理。设备撤除后，如果是直接运到衔接工作面安装，需要对各种设备逐台进行可靠性鉴定，摸清设备状态，对需升井检修的设备，应有计划地安排在搬迁期间进行处理。不需升井的设备存在的问题，应有计划地安排在安装前进行处理。

（5）做好组织准备

要确定施工队组，进行专业承包，即包任务、包质量、包时间、包安全，做到固定任务、固定人员、固定时间，明确分工、密切配合、责任到人。要建立严格的考核制度，如经济承包制、岗位责任制、交接班制等，保证撤除工作按时、按质、按量、安全顺利地完成。

2. 装车方法选择

（1）起吊装车

如图 3—12 所示，掘进机从工作面撤除运到起吊硐室后，利用起吊硐室的起吊机具（如起吊绞车等）装车外运。不能整体装车的有关部件应拆去，支架主体吊装在平板车上，捆绑牢固后运走。

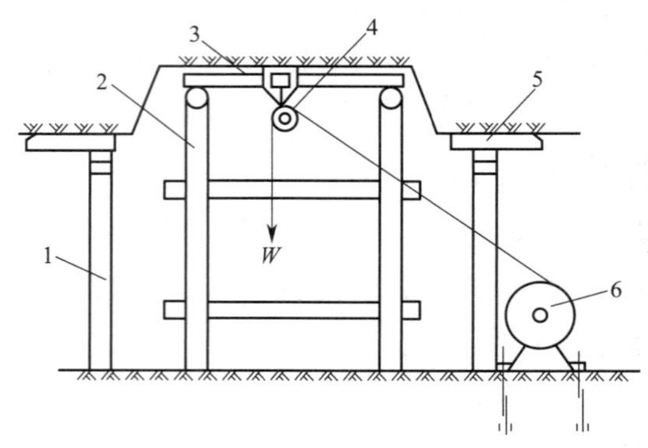

图 3—12　起吊装车

1—单体支柱　2—木支架　3—横梁　4—滑轮　5—垫木　6—起重吊车

（2）平台或斜台装车

如图 3—13 所示，在综掘工作面透窝附近或硐室装车点设置平台或斜台，设备从工作面撤除拉至装车点后，将装设备的平板车推进装车点，然后开动绞车，将设备经过斜台拉上平板车，使其平衡稳定，捆绑可靠后运走。

二、综掘工作面设备快速搬迁

科学地选择搬迁方法，确定工作主次，合理安排工序，组织平行作业，就能够有效地利用空间和时间，加快搬迁速度；设备撤除通道符合工程质量要求，掘进机等设备搬迁时就顺

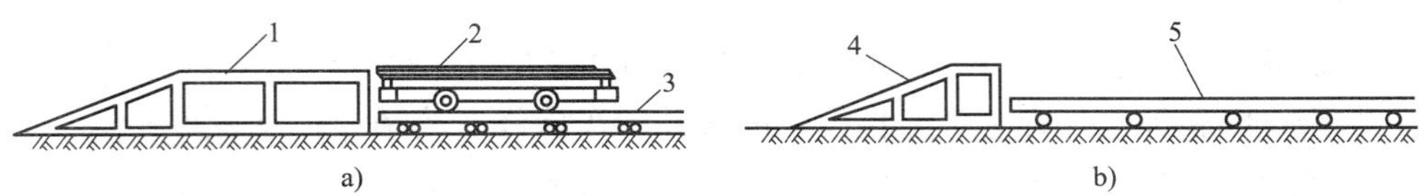

图 3—13　平台、斜台装车

a）平台装车　b）斜台装车

1—平台　2—平板车　3—轨道　4—斜台　5—轨道

利；有一支技术素质较高、经验丰富的专业队伍，就能做到新工作面安装一次成功，实现早日投产；有严格的管理制度，就能做到在搬迁过程中减少设备和配件的丢失与损坏，既减少搬迁费用，又可加快工程进度。由此可见，要实现综掘工作面的快速搬迁，重点要抓好搬迁的准备工作和组织工作。

1. 快速搬迁准备工作

（1）新工作面安装准备

有条件时，旧的综掘工作面结束掘进前要提前完成新工作面开窝工程。在新工作面安装前，矿、区队要组织施工队（组）和设备搬迁队（组），按质量标准对新工作面井巷工程进行验收，发现问题及早处理，并提前完成新工作面供电、运输系统等设备的安装工作。

（2）旧工作面撤除准备

在旧工作面结束前，要对工作面全部设备逐台进行详细检查，确定可靠程度，摸清设备状况，及早准备设备的配件，以便有计划地安排在搬迁期间进行检修更换。在旧工作面撤除通道工程完工后，按照施工技术措施要求，对巷道规格尺寸、支护形式、金属网铺设质量等进行验收，发现问题及时处理，以保证设备撤除工作的顺利进行。

（3）设备准备

在摸清旧工作面设备状况的基础上，提前对新增设备、需要检修更换设备和搬迁过程中易损零部件做出计划，及早准备好，并保证满足供应。同时应准备好搬迁所用工具、机具、材料、运输车辆、零部件及专用小集装箱等，其质量和数量也要满足要求。

（4）运输准备

在设备搬运前，要用最大设备外形尺寸的模拟车对所经运输线路巷道断面、轨型、组装起吊硐室、绞车安装及信号装置等进行模拟试验，发现问题采取措施处理，尽最大努力使最大设备（掘进机）整体运输，以减少搬迁工序，缩短搬迁时间。

（5）组织机构落实

综掘工作面设备搬迁涉及面广，需要多工种、多单位配合作业。因此，煤矿必须成立搬迁工作临时领导小组，组长由分管掘进工作的副矿长担任，各有关科室和施工井区领导参加，按照确定的最佳搬迁方案，统一部署，统一指挥。

（6）技术准备

研究确定撤除、安装和运输方案（参见上述内容），明确搬迁顺序，编制、审批、贯彻综掘工作面设备搬迁安全技术措施等。

（7）人员准备

1）成立各种专业组，配备好人员，责任到组及个人。

2）地面检修装车组负责全部综掘设备的升井卸车检修、改制和井下装车工作。

3）地面加工检修组负责设备检修、配件加工，以及掘进机、电动机、输送机、转载机传动装置的清洗、注油工作。

4）工作面巷道设备拆装组负责工作面巷道运输设备、供电线路、供水管路、消尘设施等的拆除与安装工作。

5）掘进机拆装组负责掘进机的拆除和安装工作。

6）顶板控制组负责旧工作面掘进机拆除时的顶板维护工作和新工作面安装时的顶板控制工作。

7）运输组负责搬迁设备的运输工作。

8）调度组负责井上、井下的全面调度指挥工作。

9）电气专业组负责所有综掘电气设备的拆除、安装与调试工作。

10）机械专业组负责掘进机、输送机的拆除与安装工作。

11）液压专业组负责所有液压系统的安装和调试工作。

（8）制定管理制度

制定合理的经济政策，实行经济责任承包制度、工程质量验收制度、施工情况碰头制度、设备和零部件丢损奖罚制度、交接班制度、岗位责任制度，以及发生事故和完不成当班任务的分析制度等。

2. 快速搬迁组织工作

（1）劳动组织

一般采取“三八”制作业。为了充分利用准备工作时间，提高工作效率，也可采用“四八”交叉制作业。

（2）组织平行作业

搬迁过程中最大限度地组织平行作业，是实现快速搬迁的有效措施。例如，在旧工作面撤除时，主要设备和辅助设备拆除可组织平行作业，新工作面掘进机安装也可与电气设备安装平行作业。

（3）周密安装

综掘工作面设备多、体积大、质量大、操作困难，如果不注意每个细节问题，就会造成停工误时，导致延长工期。

例如，在组织平行作业时，如果各工序之间和作业环境条件相互制约，就不会收到预期效果。所以，对于每个细节问题都要综合考虑，周密规划，认真安排，才能提高工时利用率，实现快速搬迁的目的。

（4）严格要求

新工作面的安装必须严把质量关，发现不符合质量标准要求的要立即返工处理，做到设备的安装与试车一次成功。

（5）组织劳动竞赛

要实现快速搬迁，必须充分调动每个职工的积极性，可以组织劳动竞赛，鼓励职工大胆采用新工艺、新技术，发挥各自的技术特长，开展破纪录、创水平活动，以提高搬迁过程中的工程质量和搬迁速度。

（6）移交验收

综掘工作面安装、调试工作结束后，局、矿要按照设备完好标准和工作质量标准尽快组织移交验收，力争早日投入生产。

（7）制度落实

按照搬迁前所制定的各项管理制度进行检查落实，对于施工质量高、能按时和提前完成任务者给予表彰和奖励，对于工作质量低劣、发生事故和影响工期进展者，要给予批评和惩罚，以保证各项工作按质、按量、按时或提前顺利完成。

思考练习题

1. 简述掘进机的安装顺序。
2. 掘进机安装时应注意哪些事项？
3. 简述掘进机的安装方法。
4. 简述掘进机拆卸注意事项。
5. 简述综掘工作面搬迁准备工作。
6. 简述综掘工作面快速搬迁的组织工作。

第四章 综掘工作面支护与顶板管理

学习目标

1. 了解巷道支护的目的、意义和巷道顶板管理的重要性。
2. 掌握巷道支护一般方法的知识，掌握巷道顶板管理顶板的方法。
3. 能安装锚杆、锚索，能处理巷道顶板一般事故。

巷道支护的目的在于改善围岩的受力状况，减缓围岩的变形移动速度，维护安全的工作空间。巷道支护的基本形式包括架棚支护、锚杆支护及锚杆和锚网联合支护。

在煤矿开采过程中，会有各种安全事故发生，其中，由于顶板问题造成的安全事故发生频繁，在对煤矿进行管理时，必须重视对顶板的管理，减少安全事故出现，使得煤矿开采安全进行。

第一节 综掘工作面支护概述

一、综掘工作面支护基本知识

煤矿井下巷道开挖后，巷道顶帮围岩原有的三向应力平衡状态被打破，为了保持巷道的稳定性，避免围岩出现垮落或大变形，掘进机截割成规定的巷道断面形状后，一般都要进行支护。目前，我国大部分的煤矿采用锚网、锚索喷浆联合支护技术。采用锚网、锚索喷浆联合支护技术可明显改善围岩的受力状态，有效控制围岩变形，提高巷道支护的安全性和可靠性。

众所周知，随着大多数煤矿开采深度的增加，地质环境恶劣化，地应力不断增大，地温不断升高，要想顺利开采地下资源，避免危险与灾害，煤矿工作人员要有“安全第一”的概念。要想保证综掘工作面不出顶板事故，首先要做好综掘工作面支护设计。以下是确定综掘工作面支护设计方案时应考虑的问题。

1. 认真勘测，确保生产安全

支护设计采用实测法，巷道在掘进之后，一定要根据顶板的性质、锚索和锚杆进行试验，锚索与锚杆的间距、排距必须根据情况随时调整，以保证安全生产。

2. 确定支护方式

快速生产过程中，在安全的情况下，可以采用临时支护的形式。临时支护使用方便，支设比较容易，成本低廉，介入工作迅速，但临时支护工作有安全隐患，应防止钢杆等支护材料变形。

3. 掘进工作面采用锚喷或喷浆支护时的规定

(1) 锚杆的型号规格与安装角度要严格按照施工设计的要求；混凝土的抗压强度、抗冻与抗震性能要符合标准，厚度要达到要求；喷浆和锚喷支护的端头与掘进工作面要按照作业规程中规定的距离处理；挂网必须采用标准的金属网，规格与形状都要审慎处理。

(2) 光面爆破效果良好，要掌握技术要点。光面爆破一般用于钻爆法掘进的巷道。

(3) 打锚杆眼前要注意敲帮，清除活矸，之后才可以进行打锚杆眼操作。清除活矸要仔细，如果有不安全因素，一定要采取支护措施。

(4) 使用水泥砂浆作为锚固剂的锚杆称为砂浆锚杆，锚固力比较弱，如果使用，眼孔务必清洁彻底，然后灌实砂浆。

(5) 应采用潮喷作为喷射方式，冲洗井帮之后才可以喷射，之后马上养护。

(6) 只可以使用做完拉力试验之后的锚杆，喷射混凝土的强度、厚度都要仔细检测。在井下进行锚固力试验时一定要有安全防护措施。

(7) 锚杆的托板和巷壁牢牢地贴在一起，锚杆螺母必须严格紧固。

(8) 喷浆、锚喷支护的巷道要认真施工，严把质量关，不符合设计要求的应重新设计。即便施工结束，仍需定时巡回检修，防患于未然。

(9) 岩帮如果有水渗漏，应立刻处置，以防喷射混凝土松动剥落。

4. 按悬吊理论计算锚杆参数

(1) 锚杆长度计算

$$L=KH+L_1+L_2$$

式中　L——锚杆长度，m；

K——安全系数，取 $K=2$；

H——冒落拱高度，m；

L_1——锚杆锚入稳定岩层的深度，一般取 0.5 m；

L_2——锚杆在巷道中的外露长度，一般取 0.1 m。

$$H=B/2f$$

式中　B——巷道开掘宽度，取 3.6 m；

f——岩石坚固系数。

(2) 锚杆间、排距计算（间、排距相等）

$$a=[Q/KH\gamma(1.5\sim1.8)]/2$$

式中 a——锚杆间排距，m；

Q——锚杆设计锚固力，50 kN/根；

H——冒落拱高度，m；

γ——被悬吊岩石密度；

K——安全系数，取 $K=2$。

二、综掘工作面支护设计规定和特点

掘进与支护是巷道施工的两个关键环节，安全、快速、经济、高效的巷道掘进与支护是保证煤矿实现高产、高效的先决条件，是实现矿井最大经济效益的决定因素。目前煤矿巷道施工工艺均采用“先掘后支”，掘进与支护交错进行，而支护材料及工艺也多采用锚杆锚索联合支护，即先进行锚杆支护，而后实施锚索补强加固，支护时间占巷道施工总时间的70%以上。提高掘进速度（炮掘）、简化支护工艺、增大支护材料强度及降低支护密度在一定程度上提高了施工速度，但无法在根本上较大幅度地提高巷道施工速度，降低施工成本。因此，掘进与支护两个环节的改进和创新势在必行。

1. 综掘工作面支护设计规定

（1）综掘工作面开工前两个月，由地质测量部门提供掘进工作面地质说明书，说明书中必须将工作面的煤层、顶底板的地质条件全面阐述清楚。

（2）支护设计前要进行巷道断面优化，巷道断面形状及尺寸应根据掘进设备、巷道的用途及围岩的物理力学性质进行选择、确定。硐室内配套设备时，应充分优化设计，包括设备的尺寸优化，使硐室宽度减到最小，同时必须根据顶板条件对硐室的支护进行专项设计，采取锚杆、锚索、钢带或半圆拱锚喷等支护措施，经矿顶板管理鉴定小组成员会审签字后贯彻执行，确保顶板安全。

（3）支护设计由矿总工程师组织严格审查把关，充分考虑特殊地质条件和施工条件下支护的安全性，保证支护设计的科学经济、安全可行。

（4）支护设计的依据：工程地质详细资料、预想地质素描图、详细的围岩类别分类及围岩特征、相关已掘井巷工程详细状况。

（5）支护设计的一般原则：优先采用单一锚杆支护方式，锚杆长度不得小于1.8 m，锚杆的锚固力必须达到50 kN以上。对于复合顶板或有特殊地质构造的顶板，则采用钢带锚杆、锚杆锚索或钢带锚杆锚索联合支护方式，各单位要在作业规程中明确规定。

（6）有片帮危险的巷道，必须对巷道两帮采用帮锚杆加木托盘进行支护，受二次采动影响的巷道要用帮锚网或帮锚索加槽钢帮网进行加强帮支护。

（7）开拓巷道及服务年限较长的准备巷道在上述支护方式的基础上采用喷砂浆或混凝土的方式进行补强支护。喷层选择的原则：服务年限3年以上的准备巷道一般采用30～50 mm厚喷射砂浆，开拓大巷一般采用不小于50 mm厚喷射混凝土，根据具体情况要加钢带或金属网。

2. 综掘工作面支护特点

一般炮掘的掘支顺序：巷道进尺、出煤（矸）、钻打锚索→钻打顶锚杆→钻打帮锚杆→

运出煤（矸石）。

巷道采用综掘的掘支顺序：巷道进尺、出煤（矸）、钻打锚索、钻打帮锚杆→钻打顶锚杆→运出煤（矸石）。

掘进与支护同时进行，提高了掘进速度，简化了支护工艺，缩短了顶板初始支护时间，增强了顶板的稳定性，同时降低了施工难度，有效提高了巷道施工的速度，节约了成本，使用效果好，是掘进与支护作业方法上的创新。

综掘工作面支护特点就是正确使用临时支护。

巷道临时支护就是在井巷施工中，在掘进工作面架设永久支护之前架设的维护巷道安全和工作空间的一种临时支架，以保护掘进施工人员的安全，在适当时机可改为永久支护。巷道临时支护的特点是，服务期限短，并紧跟工作面；除锚喷支护外，临时支架均可回收复用；若用锚喷作临时支护，则其可以作为永久支护的一部分。

井巷临时支护有锚喷支护、锚杆支护、金属拱形支护、金属拱形无腿支护、梯形支护、无腿支护、前探支护、盘式支护等。

锚杆支护巷道根据顶板破碎情况采用前探梁方式。

（1）吊环滚轴式前探支护用于顶压不明显，围岩整体性较好的巷道。前探梁支护是利用挂在靠工作面前两根锚杆下端的悬臂梁来实现超前支护。它由移动滑轮、前探梁和背顶木组成。前探梁和锚杆排数相同，每根前探配备 3 个悬吊在锚杆尾部的吊环，其中 2 个为正常支护，1 个用于接力移梁。吊环拧在锚杆上，前探梁串入吊环移动滑轮内。放炮后，将梁向前推移，用背顶木把梁和顶板背紧。

（2）吊环滑移式前探梁用于顶压较大、围岩较破碎的巷道。由 12 号工字钢制作的横梁、吊环、穿梁组成，锚杆按排距和间距安装好，横梁安装在锚杆露出的尾部，横梁上装好吊环，穿梁穿过吊环，并用顶木和木楔背紧。

（3）凹形托架前探梁工作面顶板打 3 排锚杆，锚杆端部安装凹形托架，前探梁插入托架内。放炮前，锚杆紧跟上，安装好前探支护；放炮后，站在锚杆下处理伪顶，松开楔子，将前探梁向前延伸，再用背顶木和木楔背紧钢梁与顶板空间，装岩出渣。

掘进工作面临时支护必须遵守以下规定：

（1）掘进工作面到永久支护之间，必须使用临时支架或金属前探支架，严禁空顶作业。

（2）靠近掘进工作面 10 m 长度内的支架，必须在炮前加固。

（3）在松软的煤、岩层或流沙性的地层中掘进巷道时，也必须采用前探支架、掩护支架或经矿总工程师批准的其他措施。

（4）临时支架必须按规定的标准架设。

第二节　综掘工作面支护技术

一、综掘工作面打锚杆眼技术

综掘工作面煤巷采用锚杆支护时，主要工序之一是打锚杆眼。打锚杆眼设备一般有风动钻机、气腿式煤帮钻机、液压钻机和其他钻机，最常用的是液压钻机。锚杆眼的质量直接影响巷道的支护质量，因此，在用液压钻机打锚杆眼时，必须采用正确的操作方法。

1. 锚杆支护一般知识

（1）锚杆支护概述

锚杆不同于一般的支架，它不只是消极地承受巷道围岩所产生的压力和阻止破碎岩石的冒落，而是通过锚入围岩内的锚杆来改变围岩本身的力学状态，在巷道周围形成一个完整而稳定的岩石带，锚杆与围岩共同作用而达到支护巷道的目的。因此说，锚杆支护是一种积极防御的支护方法。

1）锚杆支护的优点

①它对巷道围岩提供主动支护，明显地改善了巷道的维护状况，节省了维护费用。

②有利于采煤工作面的快速推进。

③巷道支护成本低，比棚式支架降低 20%以上。

④钢材用量少。支护材料的运输量比棚式支架减少了 60%~70%。

2）锚杆支护作用原理

①悬吊作用。锚杆能把巷道不稳定的直接顶板的岩层或可能冒落的岩层悬吊在冒落拱外坚硬、稳定的老顶岩层上，如图 4—1 所示，一般称为“钉钉子”或“串糖葫芦”。

②组合梁作用。在层状岩石的巷道顶板中锚杆打入围岩后，将薄弱岩层像“纳鞋底”一样铆合起来，成为一个整体，组成一个岩石板梁，从而提高了顶板岩层的强度和刚度，增加了抗弯性能，锚杆打多深，就等于砌了多厚的碹。

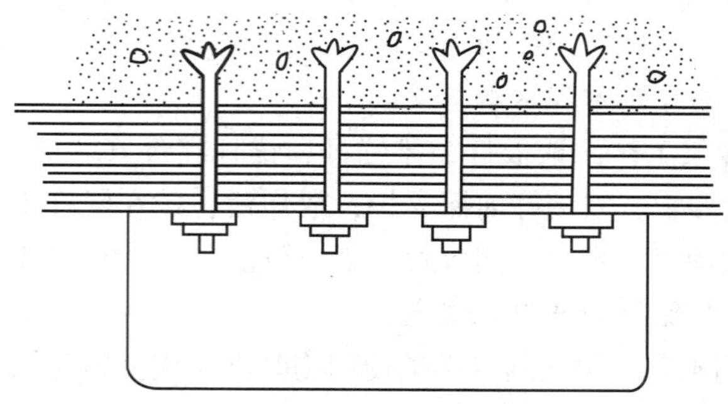

图 4—1　锚杆悬吊作用

③挤压加固作用。锚杆打入围岩，将松散破碎的岩块挤压锚固在一起，可以减少岩石内应力，阻止裂缝继续扩大，构成具有一定承载能力的挤压岩拱圈。

④加固拱作用。对于被纵横交错的弱面所截割的块状或破裂状围岩，如果及时用锚杆加固，就能提高岩体结构弱面的抗剪强度，在围岩周边一定厚度的范围内形成一个不仅能维持自身稳定，而且能防止其上部围岩松动和变形的加固拱，从而保持巷道的稳定。

⑤补强作用。巷道围岩深部的岩石处于三向受压状态，靠近巷道周边的岩石则处于两向受力状态，故易于破坏而丧失稳定。巷道周围安设锚杆后，有些岩石又部分地恢复了三向受

力状态，增大了本身的强度。另外，锚杆还可以增加岩层弱面的剪断阻力，使围岩不易破坏和失稳，即锚杆对围岩具有补强作用。

⑥减小跨度作用。巷道顶板打了锚杆，相当于在该处打了点柱，减小了顶板跨度，从而增强了顶板岩石的稳定性。

（2）锚杆支护形式和布置方式

1）锚杆支护形式。锚杆支护按组合构件可分为7类，即单体锚杆、锚杆网、锚杆钢带、锚杆梁、锚杆桁梁、锚杆锚索和多种组合，包括锚带网、锚梁网、锚杆桁架网、锚带（梁）网索等，可根据巷道围岩稳定性采用合适的锚杆支护形式。巷道围岩分类与锚杆支护形式对照表见表4—1。

表4—1　　巷道围岩分类与锚杆支护形式对照表

巷道类别	稳定情况	基本支护形式	备注
Ⅰ	非常稳定	不支护	端锚
		单体锚杆支护	
Ⅱ	稳定	顶板较完整：单体锚杆+大托板	端锚、加长锚固
		顶板较破碎：锚杆+网；锚杆+W钢带+网	
Ⅲ	中等稳定	压力较大，顶板较完整：锚杆+W钢带	端锚、加长锚固
		压力较大，顶板较破碎：锚杆+W钢带+网+锚索	
Ⅳ	不稳定	压力大：锚杆+W钢带+网+锚索；锚杆桁架+网+锚索	端锚、加长或全长锚固
Ⅴ	极不稳定	压力很大，顶板较完整：锚杆+网+金属可缩支架	全长锚固
		压力很大，顶板较破碎：锚杆+网+金属可缩支架+锚索	
		压力很大，底鼓严重：环形可缩支架+锚杆+锚索	

根据巷道的围岩情况，锚杆常与网、钢带、梁及锚杆桁架配合，有时单独使用，有时两种组合，有时多种组合。锚杆—网中，宜采用焊接的钢筋网，也可采用菱形金属网，钢带与梁的区别主要是前者厚度较小，抗弯刚度小，易贴顶，但承受载荷的能力较小，而后者抗弯刚度较大，能承受较大的载荷。钢带分为平钢带和W钢带。梁的材料可选用角钢、槽钢、U形钢等型钢。锚杆桁架的主要特点是在组合构件上可施加预紧力，有利于顶板岩层的加固。

在组合锚杆中比较典型的是锚杆—钢带—网与锚杆桁架两种组合形式。前者主要支护构件是树脂锚杆、W钢带或钢筋梁、金属网、球座托板（用于靠巷帮的倾斜锚杆），应优先选用W钢带，其护顶效果好，易于机械成形，加工质量有保证。该组合形式适用范围较广，在中等以下围岩条件下应优先采用。锚杆桁架支护的基本结构是两根顶板锚杆在靠近两帮处倾斜安装，使其上部锚固端深入到两帮煤体有效支撑的顶板范围内，下端通过连接件与拉杆连接，并施加一定预紧力，使锚杆与拉杆形成一支护整体。

2）锚杆布置方式。锚杆的布置一般有方形布置、矩形布置和五花形布置等，如图4—2所示，锚杆的间距和排距一般取0.6 m、0.8 m和1.0 m，顶板条件良好或采用联合支护方式时可取1.1 m和1.2 m。

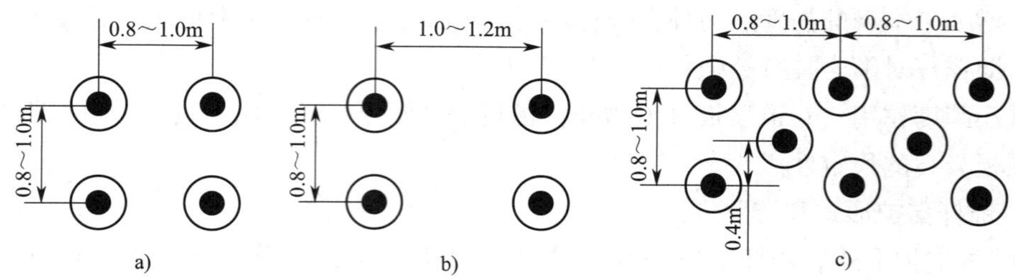

图 4—2 锚杆布置方式

a）方形 b）矩形 c）五花形

3）锚固方式。锚杆的锚固方式可分为端头锚固、加长锚固和全长锚固。应根据锚杆杆体性能和围岩强度来选择锚固方式。例如，圆钢锚杆宜选用端头锚固，螺纹钢锚杆可采用加长或全长锚固，硬岩层中可采用端头锚固，破碎软岩及煤层中宜采用加长锚固或全长锚固。

4）树脂锚固剂。树脂锚固剂与不同材质的杆体配套已成为现代锚固工程的最佳材料。它黏结能力强，固化速度快，耐久性好，抵御外界和人为影响因素能力强，安全性高，产品质量稳定，储存期长。树脂锚固剂由两种不同成分严格按科学配方分隔包装组成，安装时，树脂锚固剂放入锚杆孔内，用锚杆安装机械带动杆体高速旋转，搅破薄膜后，两种成分互相混合，立即发生化学反应，其凝胶时间可按设计要求从十几秒到几小时准确调控。

在安装锚杆时，应严格按照树脂锚固剂的技术特征进行操作，见表 4—2。

表 4—2 树脂锚固剂主要技术特征

型号	凝胶时间（min）	固化时间（min）	搅拌时间（min）	备注
CK	0. 5～1. 0	≤5	10～15	超快型
K	1. 5～2. 5	≤7	10～15	快型
Z	3. 0～6. 0	≤12	25～30	中型
M	10～20	≤30	30	慢型

5）钻孔、锚杆、树脂药卷直径的合理匹配。锚杆支护的目的是控制巷道围岩变形破坏，使巷道围岩保持稳定。锚杆锚固力的大小直接关系到其控制围岩变形的能力。为了使锚杆获得最大的锚固力，并且能够顺利安装，煤巷锚杆钻孔直径应为 28 mm。当使用无纵筋左旋螺纹钢锚杆时，钻孔直径与锚杆直径之差应为 4～10 mm，最佳值为 5～6 mm；当使用带纵筋螺纹钢筋锚杆时，钻孔直径与锚杆直径之差应为 6～12 mm，最佳值为 7～8 mm。树脂药卷直径与钻孔直径之差为 5 mm 左右。

（3）锚杆支护施工安全注意事项

1）巷道锚杆支护施工必须有作业规程，并且严格按作业规程规定组织施工。

2）锚杆眼必须按作业规程要求的间距和排距布置，锚杆至掘进工作面的间距必须小于锚杆的设计排距。

3）打眼前，必须敲帮问顶，撬掉活矸，按规定架设临时支护，严禁空顶作业。打眼时应按事先确定的眼位标志处钻进，钻完后应将眼内的岩粉和积水吹（掏）干净。

4）锚杆眼应做到当班打的眼当班锚。锚杆的外露长度要符合作业规程的规定，一根锚杆不允许上两个托板或螺帽。

5）锚杆眼必须按照规定角度打眼，不得打穿皮眼或沿顺层面、裂缝打眼。

6）使用树脂锚杆时应戴防护手套，未固化的树脂药包和固化剂具有毒性和腐蚀性，应避免与皮肤接触。破损的药包应及时处理，树脂药包严禁接触明火。

7）锚杆安装时的预应力必须符合作业规程的规定，否则将可能导致重大事故的发生。例如，2010 年 11 月 8 日，某矿一采区 13304 副巷掘进工作面发生了一起大面积冒顶重大事故，冒顶区 24 根水泥锚杆中脱落 17 根，导致 6 人当场死亡。事故原因是该矿处在推广锚杆支护的初期，对锚杆支护的原理认识不清，作业人员没能按要求操作，安装锚杆时，几乎所有螺帽都没有拧紧，造成大面积冒顶。

2. 锚杆锚入方向与角度确定方法

在层状岩石中，锚杆应与岩石的层面成正交，最小角度不低于 75°，在非层状岩石中，拱形巷道锚杆与岩体结构面成最大角度布置，层面不清时与周边轮廓线相垂直，如图 4—3 所示。

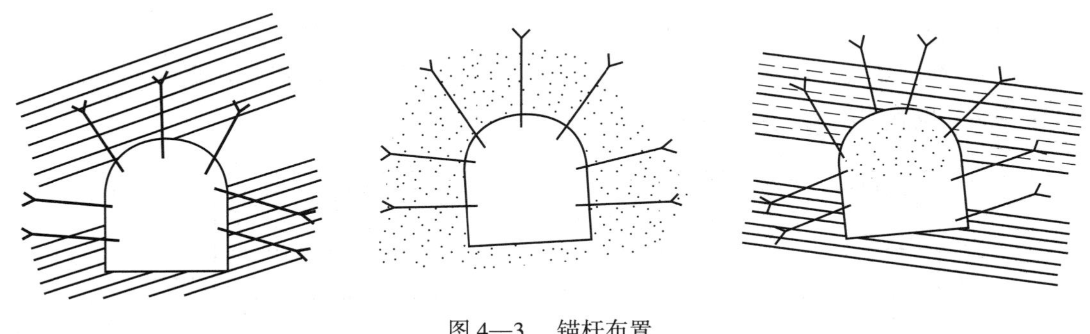

图 4—3　锚杆布置

二、综掘工作面锚杆支护技术

1. 树脂锚杆和速凝水泥锚杆

（1）树脂锚杆的结构

树脂锚杆是以合成树脂为黏结剂，将锚杆与岩石牢固地黏结成为一个紧固整体的新型锚杆。M-1 型树脂锚杆的树脂药包结构如图 4—4 所示。药包有 $\phi 35\times370$ mm 和 $\phi 35\times280$ mm（药包质量为 500~750 g，树脂用量为 110~140 g）两种规格。它由内药包和外药包组成，内药包为 $\phi 8$~12 mm 的玻璃小管，内装固化剂与少量填料，外药包为聚乙烯薄膜塑料袋，内装不饱和聚酯树脂、加速剂和填料（瓷粉或石英粉）。

树脂锚杆杆体（见图 4—5）由 $\phi 16$~18 mm 普通圆钢加工而成。杆体长 1 500~1 800 mm，

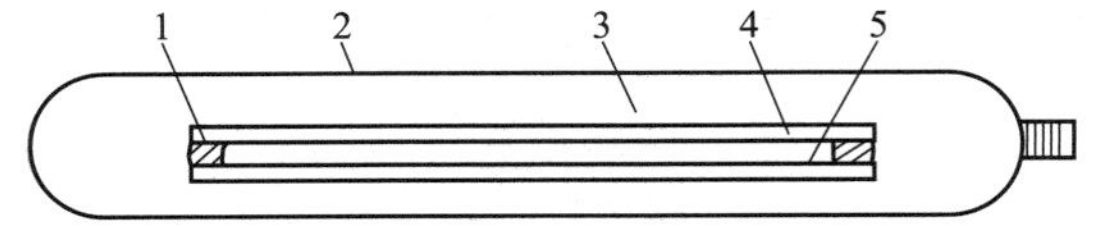

图 4— 4　树脂药包

1—堵头　2—聚乙烯外袋　3—不饱和聚酯树脂、加速剂、填料　4—玻璃管　5—固化剂、填料

插入孔底的一端做成反麻花状。为防止安装时因搅拌引起树脂外流，在距杆体顶端 220 mm 的麻花尾部处焊接一个 ϕ38 mm 的挡圈。杆体外露端加工出螺纹，并用垫板和螺母紧固。

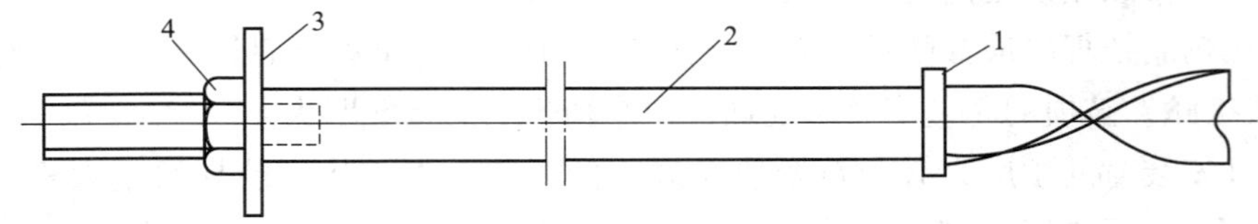

图 4—5　树脂锚杆杆体

1—挡圈　2—钢体　3—钢托板　4—螺母

（2）速凝水泥锚杆

速凝水泥锚杆通过速凝水泥药卷的作用，把锚杆和岩石黏结在一起，达到对围岩的锚固作用。水泥药卷是由水泥（普通硅酸盐水泥）和外加剂制成，具有速凝、早强、减水、膨胀作用。

经常使用的速凝水泥锚杆有以下两种：

1）实心卷式锚固剂、麻花锚杆体，其结构和使用情况同树脂锚杆。

2）空心纱网卷式锚固剂、平头锚杆杆体。卷式锚固剂以快硬膨胀水泥和外加剂为主，并添加一部分粗砂或石屑，以一定比例配制而成，如图 4—6 所示。

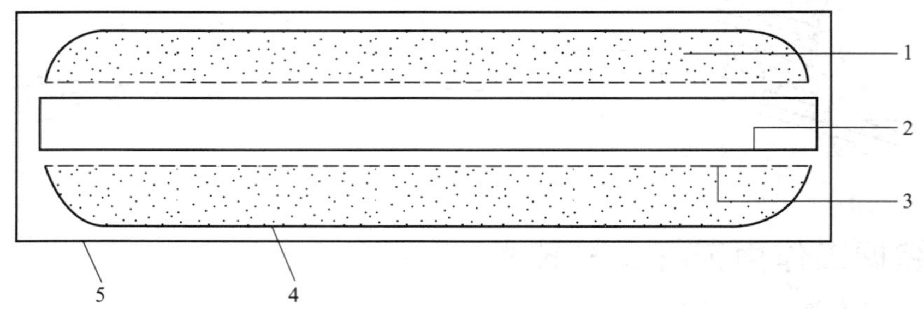

图 4—6　卷式锚固剂结构

1—水泥　2—纸芯　3—纱网　4—透水纸　5—塑料袋

平头锚杆杆体由直径为 14 mm 的 Q235 圆钢制成，如图 4—7 所示，平头直径为 38 mm，由杆体加热后挤压而成，长度分为 1 400 mm、1 650 mm、1 900 mm 三种类型。

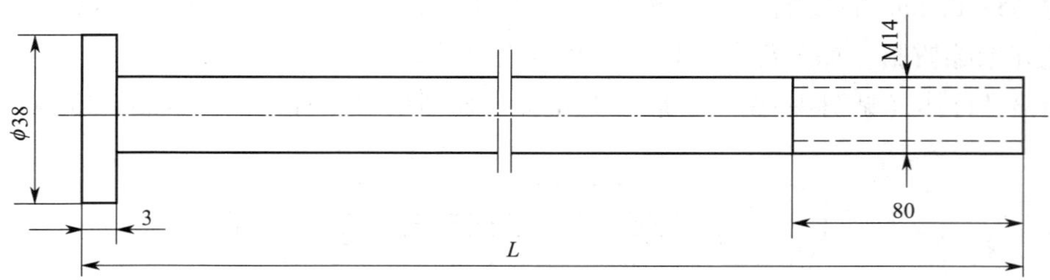

图 4—7　平头式金属锚杆杆体

2. 锚杆质量

（1）锚杆质量检查内容

锚杆除检查其成品、半成品的材质和安装的间距、排距、孔深外，更重要的是做锚固力试验。

（2）锚杆安装质量规定

1）合格品应安装牢固，托板基本密贴壁面，不松动。

2）优质品应安装牢固，托板密贴壁面，未接触部位必须楔紧。

（3）锚杆的抗拔力规定

1）合格品最低值不小于设计值的 90%。

2）检查数量是每 300 根或 300 根以下锚杆，取样不得小于 1 组，每组不得小于 3 根。

（4）锚杆安装规格的允许偏差

锚杆安装规格的允许偏差见表 4—3。

表 4—3　　锚杆安装规格的允许偏差

<table>
<tr><th>项次</th><th colspan="2">项　目</th><th>允许偏差</th><th>备注</th></tr>
<tr><td>1</td><td colspan="2">间距、排距</td><td>±100 mm</td><td></td></tr>
<tr><td>2</td><td colspan="2">锚杆孔深度</td><td>0～+50 mm</td><td></td></tr>
<tr><td>3</td><td colspan="2">锚杆方向与井巷轮廓线（或岩层层理）夹角（限值）</td><td><15°</td><td></td></tr>
<tr><td rowspan="2">4</td><td rowspan="2">锚杆外露长度</td><td>有托板</td><td>露出托板≤50 mm</td><td></td></tr>
<tr><td>无托板</td><td>≤50 mm</td><td></td></tr>
</table>

3.《煤矿安全规程》的规定

（1）锚杆（索）的形式、规格、安设角度，混凝土强度等级、喷体厚度，挂网规格、搭接方式，以及围岩涌水的处理等，必须在施工组织设计或者作业规程中明确。

（2）采用钻爆法掘进的岩石巷道应当采用光面爆破。打锚杆眼前，必须采取敲帮问顶等措施。

（3）锚杆拉拔力、锚索预紧力必须符合设计。煤巷、半煤岩巷支护必须进行顶板离层监测，并将监测结果记录在牌板上。对喷体必须做厚度和强度检查并形成检查记录。在井下做锚固力试验时，必须有安全措施。

（4）遇顶板破碎、淋水，过断层、老空区、高应力区等情况时，应加强支护。

（5）喷射混凝土时，应当采用潮喷或者湿喷工艺，并配备除尘装置对上料口、余气口除尘。距离喷浆作业点下风流 100 m 内，应当设置风流净化水幕。

4. 树脂锚杆安装操作

（1）安装前检查锚杆孔的深度，检查杆体零件是否齐全，树脂药包是否完好，有无变质现象，药包如破损结块、严重过期则不能使用。

（2）树脂锚杆的搅拌工具为煤电钻和一个连接头。连接头由 200～300 mm 长的麻花钻杆焊上套筒或螺母构成，焊接时必须对准中心。

（3）安装完毕后，为避免在胶凝期间杆体由于自重而下滑，取下电钻之前可用木楔或矸石在孔口楔紧杆体。

安装 15 min，树脂固化程度达 80%~90%最终强度时，在杆体上端安托板，拧紧螺母。

（4）树脂锚杆储存期对锚固力有直接影响，储存期超过 3 个月，药包就变质硬化，无法使用。药包应储存在 25 ℃以下阴暗、干燥的防火仓库内或井下硐室中。

5. 速凝水泥锚杆安装操作

空心纱网药卷、平头锚杆杆体的安装步骤：

（1）锚杆眼必须按设计打眼，按规定测定眼深，一定要把锚杆眼清理干净。

（2）将药卷的外包装塑料皮去掉，抽出纸芯，轻轻将药卷套装在锚杆体上至平头，校正锚杆与药卷的同心度。

（3）将装好药卷的锚杆浸入清水桶内，5~7 s 即可取出，严格掌握浸水时间。

（4）从水中取出 2~3 s 后，药卷上水全部吸干，再套上 ϕ20 mm 带有干垫圈的钢管，顶住药卷，轻轻插入锚杆眼至眼底，插入过程中应防止划破药卷，然后用 ϕ20 mm 的钢管压紧药卷，先轻后重，捣实即可。

（5）捣实后，用手轻轻转动一下，如果转不动就认为合格，否则就要重新捣实或更换药卷。

（6）捣实 10 min 后安装托盘并用专用工具紧固。

三、综掘工作面锚索支护技术

小孔径预应力锚索支护技术主要是将一定长度的高强度钢绞线配以专用锚具，用树脂或砂浆进行锚固，通过液压千斤顶在其尾部施加预应力，达到对巷道锚固支护的目的。

1. 锚索支护概述

（1）锚索支护的使用条件

一般情况下，Ⅰ、Ⅱ类围岩条件巷道不使用锚索。但由于岩体的非均质性局部变化及大型硐室或综采切眼的跨度因素影响，也有局部少量使用。锚索多使用在Ⅲ、Ⅳ、Ⅴ类围岩条件巷道中，更多地使用在Ⅳ、Ⅴ类围岩条件巷道中。

使用锚索的巷道跨度应在 3.4 m 及以上。小跨度巷道即使顶板较破碎，采用加长锚杆控制的措施也是可行的。

（2）锚索支护参数的确定

确定锚索支护参数，到目前为止还没有准确、成熟的计算方法。多数是在工程实践中总结和修正，采用工程类比法确定的。

徐州矿区在大量的工程实践中总结出简单易行的经验公式如下：

$$L_{索}=(1.5\sim2)\times W$$

$$\delta_{索}=1/N$$

$$L_{固}=(1/5\sim1/6)\times L_{索}$$

式中　$L_{索}$——锚索长度，m；

W——巷道宽度，m；

$\delta_{索}$——锚索支护密度，根/m^2；

N——与围岩类别有关的参数（见表4—4）；
$L_{固}$——树脂锚固剂锚固长度。

表4—4　　与围岩类别有关的参数

围岩类别	Ⅲ		Ⅳ		Ⅴ	
N	上　限	下　限	上　限	下　限	上　限	下　限
	16	18	8	10	4	6

锚索直径选用7股高强度钢绞线的标准直径，其技术参数见表4—5。锁具选择使用瓦片式，其规格应与钢绞线良好匹配。

表4—5　　7股高强度钢绞线技术参数

直径（mm）	15. 24	
强度级别（MPa）	1 725	1 860
公称截面积（mm^2）	139. 35	140. 00
最低破断载荷（kN）	240. 2	260. 7
1%延伸率的相应荷载（kN）	204. 2	221. 5
延伸率（%）	3. 5	
屈强比（%）	90	

锚索长度一般在5 m以上，根据顶板岩层特点，锚固端尽量布置到岩性较坚固稳定的岩层中，确定锚索长度时应分析上覆岩层的岩性。锚索支护面积一般为10~20 m^2/根，沿巷道走向间距一般为2 m以上。具体支护参数还要根据巷道跨度、围岩性及巷道应力情况进行初步计算后结合工程类比法进行选择，再采用动态信息法进行修改完善。

（3）锚索支护的相关要求

锚索一般应布置在巷道中间，用于顶部支护，有时也布置在巷道帮部，用于护帮支护，如在巷道局部挑顶超高处，两帮需要加强支护时采用。锚索采用锚杆钻机钻眼、搅拌药卷，用张拉千斤顶安装。锚索托板用18号或20号槽钢截成，长度为400 mm，中间加焊150 mm×150 mm×10 mm或170 mm×170 mm×10 mm的钢板，眼孔直径为16. 5 mm，位于托板中间，用钻床或冲床加工。锚索的预紧力不得小于100 kN，不得大于120 kN，在特殊地质条件下施工可另作规定。

2. 锚索支护参数及操作

（1）锚索主要支护参数

钻孔直径为28~30 mm，锚索直径为15. 24 mm，最大长度为8 m，最大锚固力为260 kN，预紧力为120~230 kN，锚固长度为1 200~160 mm。锚索安装材料和设备包括索体、索具和托板，索具配套机具有高压防爆电动油泵（或手动泵）、张拉千斤顶、锚索尾部截割器等。

（2）打锚索眼操作

1）施工前的准备

①施工设备的检查。施工前要备齐钢绞线、锚固剂、托盘、索具等支护材料和锚杆钻机、套钎、锚索专用驱动头、张拉千斤顶、高压油泵、锚索尾部截割器、注浆泵等专用机具及常用工具。

②锚杆钻机的检查。锚杆钻机打眼前应检查以下内容：检查所有操作控制开关，所有开关都应处在“关闭”位置；检查油雾器工作状态，确保油雾器充满良好的润滑油；清洁风水软管，检查其长度及与锚杆机连接情况；检查锚杆机械是否完好，是否漏水，及时更换水密封；安装钻杆前检查钻头是否锋利，检查钻杆中孔是否畅通，严禁使用弯曲的钻杆打眼。

③检查工作面的安全情况。打锚索眼前应敲帮问顶，检查施工地点的围岩和支护情况，并根据锚孔设计位置要求确定限位，做出标志。

2）打锚索眼操作技术要求

①竖起钻机，把初始钻杆插到钻杆接头内，观察围岩，定好眼位，使钻机和钻杆处于正确位置。钻机开眼时，要扶稳钻机，先升气腿，使钻头顶住岩面，确保开眼位置正确。

②操作者站在操作臂长度以外，分腿站立，保持平衡，先开水，后开风。开始钻眼时，用低转速，随着钻孔深度的增大，调整到合适转速，直到初始锚孔钻进到位。在软岩条件下，锚杆机用高速钻进，要调整气腿推进力，并防止糊眼；在硬岩条件下，锚杆机用低速钻进，要缓慢增加气腿推进力。

③退钻机，接钻杆，完成最终钻孔。

④锚索眼必须与巷道岩面垂直，眼深误差为±50 mm。

⑤锚索打眼完毕后，先关水，再停风。

⑥按要求打注浆孔。

3）打锚索眼操作步骤

①按确定的眼位放好锚杆钻机，首先进行空运转试验，待风（油）、水压力稳定后开始施工。

②采用1 m/节的接杆钻杆，打完一节加长一节，直至达到作业规程规定的深度。

③锚索孔够深后，钻机要反复升落2~3次，以防孔内碎矸堵孔卡钻。

④加大供水量，冲洗眼内粉尘，随后落钻拆除钻杆。

4）锚索钻机操作注意事项

①要正确操作锚索钻机，合理掌握风压、水压、油压，风压保持在0.4~0.63 MPa，水压保持在0.6~1.2 MPa；当风、水压力不足时不准强行打眼。

②将注油器加注至储油量的80%~90%，接装风、油、水管接头时，先将管内砂石异物包括压风管路内的聚留水冲洗干净。接装接头时应使锚杆钻机转柄处于关闭位置。

③钻孔前，先空运转，检查马达旋转、升降气腿、水路启闭状况，全部正常方可正式投入作业。

④开眼位时，钻杆转速不可过快，气腿推力要调小一些，当钻进孔眼30 mm左右时，方可逐步加快转速，加大推力，进入正常钻孔作业。当岩石坚硬时，转速不宜过快，当岩石松软时，气腿推力不宜过大。

⑤钻进到规定的眼孔深度后，关闭气腿进气、油阀，调小出水量，减慢钻杆转速，使钻

机靠重力平稳地带着钻杆回落。若发现卡钻，要敲打钻杆，反复升降钻机，使之正常回落，然后拆除钻杆。

⑥停止作业时，先关水，并用水冲洗钻机外表，然后空车运转一下，达到去水防锈的目的。再检查钻机是否有损伤，螺栓是否有松动，并及时处理好。最后将钻机竖直置于安全地点，以免意外损伤。

5）锚索张拉千斤顶操作步骤及注意事项

①使用前认真阅读说明书，按规定操作。

②安装和拆除千斤顶时必须人工托住，并要设置留绳，防止千斤顶掉落伤人。

③千斤顶行程不得超过额定数值，以防损坏密封。

④如果退不掉千斤顶，可反复拉紧回落几次，用木料轻敲千斤顶尾部方可拆除。

6）截割钢绞线操作步骤及注意事项

①按规定量好长度，套好截割机。

②截割时要连续加压，直至切断。

③要保持切口整齐，不破丝。

④截割时，人员不得正对截割抛射方向，特别是截割短头时，要设置防崩的遮盖设施。

7）液压张拉油泵操作步骤及注意事项

①油泵使用前应加满符合规定标号的液压油。

②连接管路、快速接头等要安全可靠，开泵时有专人负责操作和观察工作压力表状况，达到作业规程规定的拉力后即可停泵。

③与锚索安装张拉人员密切配合，不得随意加压和减压停泵。

④保持油泵平稳放置，不得有漏液现象，发现漏油及时处理。

8）手动液压泵操作步骤及注意事项

①油泵使用前加满规定标号的液压油。

②连接管路、快速接头等要安全可靠，操作人员要站在安全可靠的地点。

③开泵时有专人负责观察工作压力表状况，达到作业规程规定的拉力后即可停泵。

④手把要匀速操作，若扳不动时，要停止操作并检查原因，不得强行操作。

（3）锚索施工安全要点

1）检查施工地点支护状况，严防片帮、冒顶伤人。在有架空线巷道内作业时，要先停电。

2）遇到节理、裂隙发育，顶板破碎时，应先进行临时支护，确认安全再打眼。

3）打锚索眼时，要注意观察钻进情况，有异常时必须迅速闪开，防止断钎伤人。钻机周围 5 m 内不得有闲杂人员。

4）巷道支护高度超过 3 m，或在倾角较大的上、下山进行支护施工，必须有脚手架或搭设工作平台。

5）锚索张拉预紧力应控制在 80~100 kN，锚索安装 48 h 后，如发现预紧力下降，必须及时张拉。张拉时如发现锚固不合格，必须补打合格的锚索。

6）服务年限 10 年以上的锚索需注浆防锈。

3. 锚索安装操作步骤

（1）根据孔眼深度切割钢绞线，钢绞线长度大于孔深200~300 mm，然后用切割好的钢绞线试探孔眼深度和直度，确定孔内是否有碎矸等异物，若不合格应补打。

（2）将钢绞线锚入端前头进行适当处理，扎好端头，以提高锚固效果。

（3）按作业规程的规定选取树脂锚固剂放入锚索孔内，并用钢绞线将锚固剂缓慢推入孔底。

（4）在钢绞线的尾部套装好专用锚索搅拌器，用原打眼的锚杆钻机边搅拌边上升，匀速推至眼底。从开始搅拌到锚索钢绞线上升到眼底的时间占总搅拌时间的70%左右，钢绞线上升到眼底后再继续搅拌，搅拌时间占总搅拌时间的30%左右。

（5）搅拌后保持原推力（锚杆钻机不回落），待符合规定时间后，回落钻机，拆除搅拌器套筒，然后安装锚索托板和锁具。

（6）待锚固剂终凝后，安装张拉千斤顶，将千斤顶套在锚索锁具下面，开始张拉，直至油泵压力表读数达到作业规程规定值为止，停止张拉，回缩千斤顶，拆除张拉千斤顶，关闭油泵。

四、综掘工作面架棚支护技术

架设棚式支架进行巷道支护是煤矿井下常用的支护形式。

棚式支架俗称棚子，由一梁（顶梁）两柱（柱腿）组成，常用于巷道围岩十分破碎不稳定、不适宜采用锚喷支护、巷道服务年限不长（8~10年）、砌碹又不合算的梯形断面的巷道。棚式支架按构成材料不同，可分为木支架、金属支架和装配式钢筋混凝土支架3种；按巷道断面形状不同，可分为梯形支架和拱形支架等；按支架结构不同，可分为刚性支架和可缩性支架。

巷道架棚施工技术主要工序是架棚施工，它的好坏直接影响巷道安全与使用时间。

1. 架棚支护

（1）梯形支架

梯形支架可采用木支架、金属支架及装配式钢筋混凝土支架，一般由一梁两柱组成。

架设梯形支架，应用四个角楔把梁腿接口处与顶板围岩之间楔紧。这个地方又称为“肩窝”。该处不仅受力集中，并且要通过它使支架构件相互传递作用力。因此，肩窝接合是否紧密，处理是否得当，会直接影响整个支架的稳定性。

背板的作用是使地压能均匀地分布到顶梁和柱腿上，并防止破碎矸石掉落下来。根据顶帮围岩的稳定程度，背板有密集布置的，也有间隔布置的。背板后面和围岩之间若有空隙，应用矸石或废木料填实。

每架支架的平面应和巷道的纵轴相垂直。根据围岩压力的情况，支架一般每米架设1~3架。为了增加各支架的稳定性，支架之间应设撑木或拉杆。

架棚前首先看好中心线、腰线，量取棚距，并按中心线拉三角线找正架棚方向，确立棚腿位置，挖够腿窝深度，清出实底，栽好柱腿再上梁，并严格做到梁腿亲口接合严密，上梁后再一次校正中腰线，然后才能盘帮护顶，打好支撑。背板不得出现单数，若木质构件不直，必须弓背朝上朝帮。

倾斜巷道架棚时，作业人员必须站在棚子的上方操作，并保证有符合质量标准的迎山角，上好撑木或拉杆。

1）木支架。木支架按照顶梁与柱腿的连接形式有亲口棚子和鸭嘴棚子两种。亲口棚子顶梁和柱腿的连接为相互咬合的亲口接合形式，这种方法最简单，可以在各种地压条件下使用。鸭嘴棚子顶梁和柱腿的连接是采用相互搭接的鸭嘴式接合形式，只能承受来自顶板方向的压力，而且柱腿容易劈裂，很少使用。在井下加工梯形木棚时，应遵守下列规定：

①用量具准确度量棚梁和棚腿的尺寸。柱腿用料时，要使料的粗端在上，超长的坑木只准截去细端。按作业规程中规定的接口方式和规格画好勒口线，柱口和梁口的深度不得大于料径的1/4。用弯料时，必须保证料的弓背朝向巷道顶帮。

②锯砍棚料注意事项。锯砍棚料时应将木料放平稳，不许发生滚动。砍料时，要注意附近人员和行人的安全，斧头和斧把有足够的砍料空间。砍料人不得将脚伸到砍料处近旁。及时清除粘连在斧头上的木屑，注意木料上的木节、钉子，避免砍滑伤人。锯、砍料的地点应避开风、水管路和电缆。

木支架质量轻，加工容易，易架设且具有一定强度，能适应多变的地质条件，同时，当地压突增时还会发出警号声响，所以，它在井下巷道使用得最早，应用也最广。但是，木支架有很多缺点，如强度低、易腐朽、不耐火、不防火、不能阻水、不防围岩风化、使用年限短且木材资源紧张等，故使用逐渐减少。

2）金属支架

①金属支架概述。金属支架具有坚固、耐用、防火、架设方便、可制成各种构件、可回收复用等优点。

金属梯形支架有两种类型，一种为梯形刚性支架，另一种为梯形可缩性支架。一般多用梯形刚性支架，梯形可缩性支架应用较少。

梯形刚性支架为一梁两柱结构。梁柱连接方式多采用在柱腿上焊接一块槽板，梁上焊接一块挡板，限制梁和柱腿接口处的位移。为了防止柱腿受压陷入底板，可在腿下焊一块钢板底座。

梯形可缩性支架也是一梁两柱结构。顶梁用矿用工字钢，柱腿用U形钢，由两节构件组成，用卡缆连接，具有可缩性。

②架设梯形金属支架时应遵守的规定。严禁混用不同规格、型号的金属支架，棚腿无钢板底座的不得使用，卡缆构件要齐全。严格按中、腰线施工，并及时返线，保证巷道的坡度和方向。柱腿要靠紧梁上的挡块，不准打砸梁上焊接的矿用工字钢挡块。梁、腿接合处不吻合时，应调整梁腿斜度和方向，严禁在缝口处打入木楔。按作业规程规定背帮背顶，并用木楔刹紧，前、后棚之间必须上紧拉杆和打上撑木，固定好前探梁及防倒器。

（2）拱形支架

1）金属拱形支架的分类。金属拱形支架可分为两类，即普通金属拱形支架和U形钢拱形支架。普通金属拱形支架多采用工字钢、矿用工字钢或轻型钢轨制造，没有可缩性，一般仅用于巷道临时支护或与锚喷支护巷道联合支护。U形钢拱形支架采用U形钢制造，具有可缩性，多用于地压大、受采动影响显著的采区巷道。

普通金属拱形支架分为无腿、有腿和铰接3种。无腿拱形支架适用于两帮岩石较为稳定的巷道，有腿拱形支架适用于围岩较稳定、压力中等的巷道，铰接拱形支架适用于岩层松软和受采动影响较大的采区巷道。

U形钢拱形支架可分为半圆拱、直腿三心拱和曲腿三心拱3种。

2）架设拱形支架时应遵守的规定

①拱梁两端与柱腿搭接吻合后，可先在两侧各上一只卡缆，然后背紧帮、顶，再用中、腰线检查支架支护质量，合格后即可将卡缆上齐。卡缆拧紧转矩不得小于150 N·m。

②U形钢搭接处严禁使用单卡缆。其搭接长度、卡缆中心距均要符合作业规程规定，误差不得超过10%。

（3）架棚支护安全注意事项

1）现场应有班、组长负责指挥协调架棚作业。架棚是由多人分工合作进行的集体活动，为了保证架棚作业安全、有条不紊地进行，应有班、组长负责指挥协调架棚作业。

2）严格执行敲帮问顶制度。架棚前，必须指派有经验的工人按操作规程严格执行敲帮问顶制度，并有专人监护，将浮矸活石清理干净。如果处理活石时可能有危险，或遇有撬不掉的危岩，必须设置专门的临时支护，其规格、质量应符合作业规程的规定。

3）必须检查工作地点支架的质量。架棚前应检查工作地点支架的质量，发现不合格的支架必须先处理后施工。整理维护支架应由外向里逐棚进行，先支新棚，再拉老棚。

4）必须采用金属前探梁等临时支护，严禁空顶作业。支护的巷道截割或放炮后必须立即在工作面向前移动前探支架，没有采用金属前探梁等临时支护的掘进工作面一律停止作业。

5）注意操作安全，保证支护施工质量。按操作规程作业，并按设计规定要求架设支架，以保证支架的稳定性，防止松散围岩漏顶，造成各支架受力不均而压坏、压垮支架。

2. 其他支护

（1）抬棚

巷道交岔点采用抬棚支护时，无论直角三通、斜交三通或四通抬棚，插梁都不得少于4根，插梁排列间距要均匀。抬棚架完后，应架设锁口棚。

1）在顶板完整、压力不大的梯形棚子支护巷道，抬棚应按下列顺序施工：

①在老棚梁下先打好临时点柱，点柱的位置不得妨碍抬棚的架设。

②摘掉原支架的柱腿，根据中、腰线找好抬棚柱窝的位置，并挖至设计深度。

③按架设梯形棚的要求立柱腿、上抬棚梁。

④将原支架依次替换成插梁，最边上的两根插梁应插在抬棚梁、腿接口处。更换插梁不准从中间向两翼进行。

⑤背好顶、帮，打紧木楔。

2）在顶板破碎、压力大的地点，抬棚应按下列顺序施工：

①将原支架逐棚更换成插梁，在插梁下打好临时点柱或托棚。所有插梁都应保持在同一水平上。

②架设主抬棚，抬住已换好的插梁。

③撤除临时点柱或托棚。

④逐架拆除原支架并调正插梁，背实顶帮。

⑤架设辅助抬棚。

3）在倾斜巷道架设抬棚时，应根据巷道坡度相应加长下帮柱腿，靠近水沟一侧的抬棚或插梁腿应紧触水沟基础以下的实底，不许放在松动的煤（矸）上。

4）采用矿用工字钢架设抬棚时，梁和腿必须有可靠的连接固定和防滑装置。

（2）点柱及架设点柱注意事项

1）每根点柱都必须安装柱帽，柱帽的规格应符合作业规程的要求，柱端平面应向上，与柱帽接触处要用木楔打紧，严禁在一根支柱上使用双柱帽和双楔子。

2）打点柱时，坑木粗头向上，柱帽要居中。水平巷道中的点柱应垂直顶、底板，不准歪斜，在倾斜巷道中，每5°~6°的倾角支柱应有1°的迎山角。

3）根据作业规程规定的排距和柱距挖掘柱窝，并要见实底，如果煤层松软，可在柱下加木垫。木垫的规格也应符合作业规程的规定。

（3）前探梁支护

在掘进工作面永久支护之前，必须进行临时支护，保证掘进工作面不空顶作业。临时支护常用撅顶道和安全点柱两种方式，常用安全点柱支撑力小，千斤顶行程短，使用十分不便。针对这种情况，一些厂家设计生产了单体液（气）压安全点柱，该点柱类似于采煤工作面的单体液压支柱，以防尘水（压风）为动力，行程长达800 mm，且升降速度快，方便实用。

撅顶道常用吊环悬挂式撅顶道，先将吊环螺母旋入顶部锚杆外露螺纹，再将其穿入吊环即可。为克服撅顶道护顶间距大、与顶板不接触的缺陷，许多单位都对其进行改进，改进较好的是杠杆式撅顶道，通过对尾部加压，对掘进工作面顶板形成初撑力。还有一种是护顶网架式撅顶道，在撅顶道前侧空顶区域加上护顶网架，形成全封闭护顶结构。杠杆式撅顶道的优点是紧贴顶板支护，对掘进工作面作业工序不产生影响，如图4—8所示 。

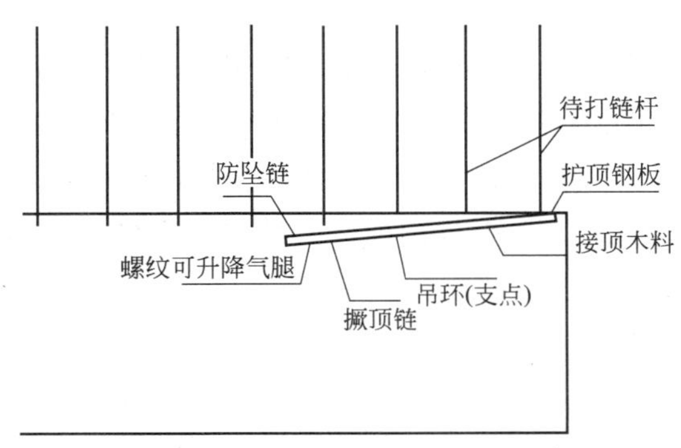

图4—8　杠杆式撅顶道工作原理

在煤（岩）巷锚喷支护巷道，有的采用在掘进工作面打临时护顶锚杆，配合安全点柱和撅顶道共同护顶。

1）架设梯形棚前探梁注意事项

①架设木棚、工字钢棚所用的前探梁应采用钢管、工字钢、轻型钢轨、槽钢等金属材料，固

定前探梁可用卡箍或吊棚器。前探梁及固定装置的规格或强度均应符合作业规程的规定。

②前探梁长度不得小于 3.5 m。

③放炮后，前探梁前伸，其长度不得大于棚距的 80%，然后用吊棚器或卡箍固定。

④在前探梁上应用横放方木接顶，并用板皮、木楔紧固。接顶方木必须略高于后方的棚梁。

2）架设拱形棚铰接前探梁注意事项

①铰接梁的规格、型号必须一致，紧固的楔销应配套通用。

②放炮后，应尽快拆除最后一节铰接梁和卡具，并及时与最前端的铰接梁用水平调角楔悬臂铰接。

③在最前端把棚梁放于悬臂铰接梁上，找正方向和高度后，再用卡具将棚梁与铰接梁固定。

④背顶后再挖柱窝和架设柱腿。

3）锚喷巷道架设前探梁应遵守的规定

①巷宽小于 3 m 时，可在巷道顶使用 2 根前探梁；巷宽大于 3 m 时，应再增加 1 根前探梁。

②卡环间距和前探梁的间距应按作业规程规定的锚杆间、排距确定，卡环的方向必须可调。

③放炮后，松开卡环，应及时将前探梁伸移到掘进工作面，并用板皮、木楔背顶。

④按设计位置打入最前排锚杆安装卡环，同时卸下最后排的卡环，将前探梁穿入新安装的卡环内，背好顶后，再进行锚杆支护施工。

⑤安装卡环的锚杆，最大外露长度不得超过 120 mm。

（4）架设架棚安全要点

1）改棚、整棚时，要从外向里依次进行。严格实施敲帮问顶后，依次将棚扶正或更换。扶正或更换时，先撤掉木楔，挖净腿窝浮煤至实底，再进行整理更换。

2）巷道施工中出现局部冒顶时，先封顶，控制冒顶范围的扩大。处理冒顶时，人员站在冒落的矸石堆外安全一侧，用找顶工具将冒落顶部活煤（矸）块捣掉。暂无危险时，抓紧时间安设支架；在支架上架设护顶木垛，直接将顶托住；封顶后，加密棚距，安设好拉杆，使顶和两帮背严背实，成为整体。处理冒顶的整个过程中，应设专人监护顶帮动态变化。

3）严禁将棚腿栽在浮煤矸上。挖柱窝前，必须先处理好帮、顶活煤、矸再工作。挖柱窝时要瞻前顾后，防止伤人。

4）扶棚过程中严禁空顶作业。

5）使用混凝土背板时下方严禁有人逗留，上混凝土背板时应防止砸伤手。

6）采用人工上梁时，必须手托棚梁，稳抬稳放，不得将手伸入梁腿接口处。

7）架棚施工完毕后的炮掘工作面应及时将整体加固器安装齐全。

8）巷道较高时，必须搭设牢固可靠的施工平台。

3. 架棚支护操作方法

（1）将中腰线延长至迎头架棚位置，按巷道设计的棚距、净宽和底宽用中线分至两帮，找出柱窝位置。巷道毛断面不符合规格要求时，必须先处理合格。

（2）把浮煤清至硬底，挖出柱窝，达到作业规程规定要求。如果柱窝为软底或煤，必须使用垫块，如果底不平，必须处理修整。

（3）将棚腿放入柱窝内，对准上梁位置，一人把棚腿扶好或用合格的木楔子将棚腿别住，按同样的方法将另一帮棚腿栽好后，再架设棚梁。两帮扶棚腿人员必须把腿扶好，防止腿倒伤人。

（4）按中腰线检查支架并进行微调。需要铺金属网时，网要放平绷直，搭接符合作业规程要求。高顶处用刹杆背紧，顶部刹杆上齐背实，宽帮处要充填密实。最后打好撑木拉杆，固定防倒器。

（5）架设U形钢拱形支架时，必须把棚腿、棚梁互相连接的U形卡缆上齐全，卡缆间距符合规定，每个卡缆之间的螺栓必须拧紧，上齐金属拉杆，卡缆拧紧转矩符合要求。

（6）校正中线时，一手把线坠按在棚的中线点处，另一手找到激光红斑，架棚工在梁端左右摆动棚梁，直至线绳位于红斑中间。用线绳拉中线时，使垂线紧靠中线绳为止，然后固定棚梁两端。

（7）检查扎角时，应站在支护巷道内，面对棚腿，用左手把线绳按在棚梁的外侧，使线坠垂下，右手拿尺量取线坠与棚腿底角的水平距离，测定该棚腿的扎角；校正时，用钢钎撬动棚腿，使扎角值符合作业规程要求。

（8）检查前倾后仰时，应用左手把线坠按在棚腿侧面，使线坠下垂，右手拿尺量取线上端规定的位置，测量棚腿侧面的水平距离，测定迎山角，使迎山角符合作业规程的要求。

第三节　综掘工作面顶板管理

当巷道围岩应力比较大、围岩本身比较软弱或破碎、支架的支撑力和可缩量又不够时，已被应力破裂的围岩或本来就已破碎的围岩可能损坏支架，形成巷道冒顶，从而导致巷道顶板事故。

巷道顶板事故危害极大，轻者影响生产，重者造成人员伤亡，因此必须加强对综掘工作面顶板的管理。

一、综掘工作面顶板管理概述

1. 综掘工作面顶板管理技术基础工作

（1）支护方式的选择要有科学依据，要根据巷道围岩的性质和有关矿压观测资料，针对井下现场实际情况选择支护形式、材料规格等。对掘进工作面巷道开口、过断层、老巷、冒顶、掘进劈帮卧底、挑顶等特殊地点施工，要提出针对性的安全技术措施。对帮顶支护和支架稳固、防止冒顶均应制定切实可行的安全技术措施。若地质、围岩条件发生变化，应及时修改支护设计。

（2）煤、岩巷掘进均应采用机械化作业，掘进时巷道支护要推广应用锚网（索）和U形钢可缩性支架，应做到综放、综采两巷道采用锚网（索）和U形钢可缩性支架支护。

（3）煤巷掘进施工推广掘进机掘进，岩巷掘进推广光面爆破，减少对煤（岩）的整体性破坏，为巷道支护创造条件。掘进工程质量必须达到安全质量标准化要求，做到一次成巷。

（4）每个综掘工作面已掘巷道必须设置可对巷道帮、顶离层进行监测的仪器，要有专人定期观察，并记录在案。

（5）每个综掘工作面所配备安装的风管、供水管、排水管等管路中，必须有一条直径50 mm以上的金属管路用于紧急救援。

（6）各矿掘进施工队伍均应配备专业工程技术人员。综掘工作面必须建立技术档案。记载地质构造带、围岩变化带、积水区域掘进和掘进影响范围内的采空区、老巷等情况，为下分层或相邻综掘工作面提供支护设计依据。

2. 严禁综掘工作面空顶作业

（1）每个综掘工作面在作业规程中要明确规定最大空顶距离，禁止超空顶距规定作业。

（2）掘进工作面在永久支护之前，必须使用安全可靠的临时支架或金属前探梁，严禁空顶作业。临时支护形式在作业规程中应有明确规定。

（3）架棚支护的上、下山掘进和平巷掘进都必须装设支架联锁防倒装置，做到“支架+联锁”。

3. 综掘工作面支护质量要求

（1）支护材料的规格、尺寸必须符合设计要求。

（2）架设支架符合质量标准，保证腿梁接口吻合、端正，帮顶背实，棚距符合设计要求，构件齐全。

（3）锚网巷道应优先选择铰链冷拔钢丝网或冷拔钢丝塑料网，锚杆、锚索拉拔力达到要求。所有锚杆都要进行二次紧固，转矩达到要求。金属网的联网必须实现搭接，搭接宽度不得小于10 cm，且采用双排联网。双排联网的连接点应采用三角形布置，连接点间距不大于200 mm。联网扎丝采用直径大于1 mm的铁丝双股连接，拧接不少于3圈，必须使用专用工具进行联网。

（4）煤巷锚杆支护应加强锚固力的检查，锚固力不得低于相关规定的要求，临时支护应做到有效承载。

（5）每个锚网支护的掘进工作面都必须在井下合适的地方备有10架以上与所施工巷道相同断面尺寸的金属支架及相应的背板、撑木等，一旦围岩条件发生变化，便于及时改变支护形式。

（6）在急倾斜煤层施工中，锚索（杆）应与煤层层理有一定夹角且锚索锚入稳定煤（岩）层长度不小于1 m。在缓倾斜煤层施工中，锚索（杆）应垂直顶板层理且锚索锚入稳定煤（岩）层长度不小于1 m。

（7）锚喷支护的巷道要及时初喷到工作面，混凝土喷射前必须冲洗岩帮，喷射后要养护。初喷的厚度要超过30 mm，复喷达到设计厚度，滞后的距离必须在作业规程中明确规定。

4. 掘进巷道贯通时的顶板管理

（1）掘进巷道贯通前，必须制定专门的安全技术措施，经矿总工程师审批后实施。

（2）测量人员及时填报进展，综掘贯通前 50 m、炮掘贯通前 20 m 时，测量人员下达贯通通知单，报主管矿长、总工程师和施工队等相关人员，贯通点必须做出标记，贯通点前后 5 m 要加强支护。顶板破碎、压力较大时，掘进工作面要适当缩小循环进度，及时支护，并加强临时支护，防止冒顶事故。

（3）当两个掘进工作面同时相对掘进时，综掘贯通前 50 m、炮掘贯通前 20 m 时，必须停掘一个工作面，而且必须保持停掘工作面的支护完整和通风正常。

（4）必须认真查清贯通点水、断层、瓦斯、煤尘、支护等具体情况，采取针对性措施后，才能向前掘进。

（5）巷道贯通后，必须停止采区内的一切工作，由通风部门立即调整通风系统，待风流稳定、瓦斯不超限后方可恢复工作。

5. 巷道维修

（1）对已施工巷道，必须由矿顶板管理领导小组确定专人分段进行日常检查，交岔点、硐室等跨度大的位置，要采用敲帮问顶的办法加强观察。发现顶板有变化时及时汇报，矿总工程师组织研究补强措施。未进行补强支护的巷道必须设置警示牌，人员不得入内。

（2）维修支架时要做到先支后拆、补打临时支护、由外向里、逐架进行。

6. 综掘工作面顶板管理制度

（1）综掘工作面开口前，必须由专业技术人员根据巷道设计确定开口位置，作业前必须维护好开口位置附近 10 m 内的顶帮情况，进行超前支护，严禁空顶作业。

（2）在松软的煤（岩）层或地质构造复杂的位置掘进巷道时，必须制定安全技术措施。岩石掘进在距煤层 10 m 内要打探眼，边探边掘，探到煤层时要采取加强支护措施。

（3）根据顶、底板岩性和观测数据选择合适的巷道支护材料，顶帮必须背紧、背实。

（4）在巷道贯通前，工程技术人员必须做好一切测量工作，准确掌握预透位置及距离，对贯通处的顶帮进行全面检查维护。

（5）采用锚杆、锚网、锚喷等形式支护时，严格按照《煤矿安全规程》执行。采用锚杆、锚喷、锚网支护的巷道，锚杆、锚索的材质，拉力和预紧力，以及喷层厚度和强度，必须在施工组织设计和作业规程中明确。使用锚杆支护的巷道，要对锚杆锚固力进行监测，同时使用顶板离层仪对顶板进行观测，根据现场监测结果，修改完善锚杆支护参数。

（6）综掘工作面临时停工时，巷道支架必须架设到头，保持正常通风，并随时对巷道支护变化情况进行检查。临时封闭时，必须对巷道支护进行加固。恢复开工时，必须严格执行开工检查制度，并根据支护变化情况采取相应的措施。

（7）巷道交岔点施工前，要由生产技术部门组织现场会审，根据实际情况编制施工安全技术措施，确定临时支护方式，绘制施工放大图，组织施工人员学习贯彻后实施。施工时，要有技术人员现场指导。施工结束后，生产技术部门必须组织有关部门按设计要求进行竣工验收，验收合格后，方可正常掘进。

二、综掘工作面重大危险源及有害因素辨识

综掘工作面重大危险源及有害因素辨识分为综掘工作面重大危险源辨识、评估内容，综

掘工作面重大危险源检测、监控措施，以及综掘工作面重大危险源安全对策、应急措施三个方面进行。

1. 综掘工作面重大危险源及有害因素辨识概述

（1）危险源单元及危险性等级划分

1）根据重大危险源的性质、危害方式不同，可将重大危险源划分为瓦斯、煤尘、火灾、电气、机械、运输、顶板七个单元进行辨识。

2）依据各单元物质含量，生产装置（系统）、设施、场所状况，将各单元划分为若干子单元进行辨识。

（2）等级

“Ⅰ”表示“安全的”，“Ⅱ”表示“临界的”，“Ⅲ”表示“危险的”，“Ⅳ”表示“灾难性的”。

2. 综掘工作面重大危险源辨识、评估内容

综掘工作面重大危险源可分为瓦斯、煤尘、火灾、电气、机械、运输、顶板七个方面，辨识和评估内容包括基本情况、可能引发事故类型和严重程度、危险辨识、分析及等级评估、评估结论。

3. 综掘工作面重大危险源检测、监控措施

综掘工作面重大危险源检测、监控措施分为瓦斯、煤尘、火灾、电气、机械、运输、顶板七个方面。

4. 综掘工作面重大危险源安全对策、应急措施

（1）综掘工作面重大危险源安全对策、应急措施分为瓦斯、煤尘、火灾、电气、机械、运输、顶板七个方面。

（2）综掘工作面重大危险源安全对策、应急措施包括安全对策措施和现场应急措施两方面。

三、综掘工作面顶板控制技术

巷道顶板事故形式多种多样，发生的条件也各不相同，但它们在某些方面存在着共同点。根据这些事故发生的原因与条件，可以制定出防范顶板事故发生的相应措施。

巷道顶板事故易发生地点为综掘工作面和巷道的交岔点，特别是综掘工作面最易发生冒顶事故。因此，要想防止综掘工作面顶板事故，必须科学地制定出预防综掘工作面冒顶事故的措施。

1. 综掘工作面顶板管理主要内容

（1）根据影响巷道围岩应力的因素，如围岩的性质、巷道所处的深度、巷道周围的地质构造、水文变化、巷道的断面形状尺寸等，了解围岩应力分布情况及在此应力作用下围岩的变形和位移后，才能选择合适的支护材料、支护形式，达到维护巷道的目的。

（2）从有利于巷道围岩稳定性的角度出发，合理选择巷道的施工方法，减少各工序对顶板管理的影响。

（3）按作业规程规定控制工作面空顶距离和临时支护巷道的长度，尽可能缩短工作面空顶时间和临时支护巷道的长度。

（4）施工中，做好基础资料的积累和工程的记录工作。施工中和竣工时，按井巷工程质量标准进行检查和验收。

2. 巷道掘进期间日常顶板管理工作

（1）进入工作面打眼放炮前均应敲帮问顶，处理隐患，排除不安全因素后再作业。

（2）控制工作面空顶距离，超过规定的空顶距离时，应先支护后掘进。

（3）单孔长距离掘进要经常检查工作面后方支架的情况，发现断梁折腿或变形严重的支架，应加固修复。修复巷道时，修复地点以里的人员应全部撤出，防止冒顶堵人。工作面因放炮崩倒的棚子应由外向里逐架扶棚复位。

（4）熟悉掘进巷道出现冒顶事故的原因，加强日常检查，采用针对性措施，预防冒顶片帮事故的发生。

3. 顶板管理措施

（1）新掘巷道应制定的安全措施

1）开掘地点要选在顶板稳定、支护完好的位置，并且避开地质构造区、压力集中区和顶板冒落区。

2）新掘巷道与原有巷道的方位要保持较大的夹角（最好大于45°）。

3）必须加固好开掘处及其附近的巷道支架，若近处有空顶空帮情况，小范围的可加密支架，背好帮顶，大范围的应用木垛接顶处理，同样用背板背好打紧。将受施工影响的棚子进行加固，其方法有挑棚、打点柱、设木垛等。

4）新巷开掘施工要浅打眼、少装药、放小炮，或用手镐挖掘，尽量避免震动围岩或因放炮引起冒顶。

5）新巷开掘处要及时进行支护，尽量缩短顶板暴露时间和减小暴露面积。若压力增大，则应及时采用适合现场情况的特殊支护。

（2）沿空掘巷顶板破碎时的顶板管理措施

1）巷道施工必须在上区段回采工作结束且岩层活动完全稳定后再进行，避开动压影响。

2）尽量减小掘进时的空顶面积，放炮前支架紧跟到工作面，放炮后及时架设支架。要减少装药量，避免对顶板的震动。如果放炮难以控制和管理顶板，改用手镐挖掘的方法掘进。

3）巷道支架要加密，同时缩小下帮腿与底板的夹角，将顶帮用木板等背严接实。

4）擦边掘进时，如遇上区段巷道的棚腿外露，其下帮棚腿不要抽掉，可以捆上木板或笆片，起到挡矸帘的作用。

（3）有淋水的工作面顶板管理措施

掘进工作面有淋水时，要通过水文地质分析弄清水的来源，掌握水量的变化，再根据实际条件分别采用预注浆封水、快硬砂浆堵水、截水槽或截水棚截水等方法将水引离工作面。

顶板淋水不大时，用压风边吹边喷砂浆止水。有淋水的地段要加大支架密度，背严帮顶，提高支架的稳定性，防止冒顶事故的发生。

（4）过断层、裂隙地质构造带的顶板管理措施

1）采用架棚支护时，棚距要缩小，提高支护应变能力。

2）棚梁尽量正交节理面架设，增大支架密度，减小空顶距离，永久支架要紧跟工作面，背帮背顶要严实。

3）采用砌碹支护时，每次掘砌长度应不大于 1 m。

4）顶板特别破碎时，需采用超前支护的办法管理顶板。

4. 综掘工作面防止冒顶事故的措施

（1）根据工作面顶板岩性控制空顶距，当遇到破碎带或层理、裂隙发育时，支护应紧跟工作面。

（2）严格执行敲帮问顶制度，危石必须挑下，无法挑下时应采取临时支撑措施，严禁空顶作业。

（3）在破碎带掘进巷道，要缩小支护棚距，用拉条等将棚子连成一体，防止推垮。

（4）必要时可对破碎带超前注浆，固化岩体。

（5）掘进工作面有空顶区和破碎带时，必须背严背实，必要时要挂网防止漏空。

（6）掘进机截割必须与岩石性质、支架和掘进头距离相适应，防止割到棚子。

（7）锚杆支护注意眼深和锚杆密度，必要时采用锚喷网联合支护。

（8）巷道应尽可能布置在稳定的岩体中，并尽量避免采动的影响。

（9）巷道支架应有足够的支护强度，以抗衡围岩压力。

（10）巷道支架所能承受的变形量应与巷道使用期间围岩可能的变形量相适应。

（11）支架选型时，尽可能选用有初撑力的支架。支架施工要严格按工序质量要求进行，并特别注意顶与帮的背严背实问题，杜绝支架与围岩间的空顶与空帮现象。

（12）凡因支护失效而空顶的地点，重新支护时应先护顶，再施工。

（13）巷道替换支架时，必须先支新支架，再拆老支架。

（14）在易发生推垮型冒顶的巷道中，要提高巷道支架的稳定性，可以在巷道的支架之间用拉撑件连接固定，以防推垮。倾斜巷道中支架被推垮的可能性更大，支架间拉撑件的强度、密度要适当加大。

此外，掘进工作面附近 10 m 内、地质破坏带附近 10 m 内、巷道交叉点附近 10 m 内、已经冒顶处附近 10 m 内都是容易发生顶板事故的地点，巷道支护必须适当加强。

四、综掘工作面顶板事故处理技术

综掘工作面一旦发生顶板事故必须立即处理，否则会使事故扩大。巷道顶板事故的处理方法有撞楔法、搭凉棚法、木垛法和锚喷支护法等几种。必须根据具体情况，选择有效的方法处理综掘工作面的冒顶事故。

1. 处理掘进巷道顶板事故的安全技术原则

处理掘进巷道顶板事故的首要任务是抢救遇险（难）人员，其次是恢复通风、运输和

施工等。处理时，应按以下步骤进行：

（1）迅速查清因事故被堵、被压人员的位置、人数，并设法与他们取得联系，配合救护队抢救。

（2）尽快向被堵、被压人员输送新鲜空气、水和食物。

（3）派专人检查瓦斯情况，观察周围顶板变化，并加强支护，维护好抢险人员的安全退路。

（4）根据巷道顶板事故的范围大小、矿压情况等，采取不同的抢救方法救人。同时，注意对顶板的观察和必要的维护，防止救人时再次发生事故。

2. 巷道片帮事故处理方法

（1）木垛法

当棚腿被挤断，岩壁片帮，且片帮暂时停止下来时，可用木垛法处理片帮。先在靠片帮一侧顶梁下打一根顶柱顶住梁，然后撤腿，拆帮清矸，换新柱腿，用木料架木垛到冒落的帮、顶，再用背板、荆笆背好后撤去顶柱，如图 4—9 所示。

施工时应注意微小冒顶处的顶板维护，防止片帮扩大造成冒顶。顶柱也应落在实底上打牢，几根顶柱应连成一体，防止下沉及不小心碰倒，造成冒顶或砸伤人员。

（2）撞楔法

巷道一侧片帮很严重，撤掉压坏柱腿时，煤（岩）会流出，并且继续扩大，可用撞楔法处理。在片帮地点选择完好的柱腿，打上斜撞楔，撞楔长 1.2~1.5 m，在撞楔掩护下挖柱窝、打顶柱、换好新柱腿，支架顶帮要背严。依次向前，直到全部修好片帮区，最后清出煤矸，撤顶柱，如图 4—10 所示。

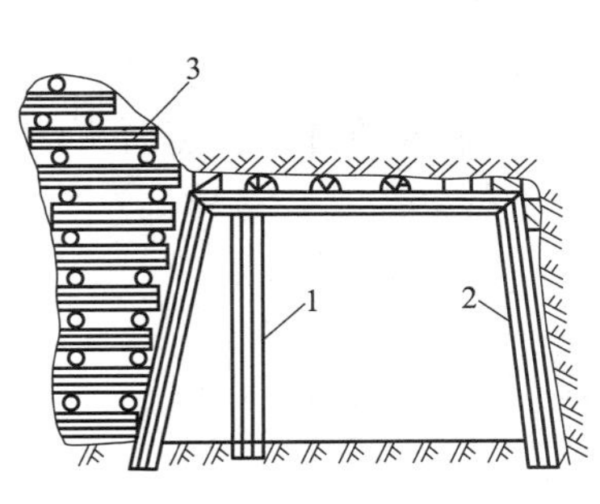

图 4—9　木垛法

1—顶柱　2—木支架　3—木垛

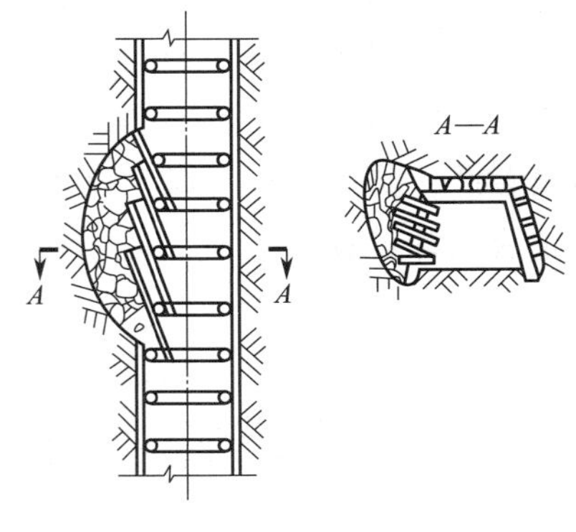

图 4—10　撞楔法

施工时，除应注意采用木垛法的注意事项外，还必须注意打撞楔的柱腿应坚实、牢固，必要时应下底梁或架对棚等。

3. 巷道底鼓处理方法

在松软破碎或塑性膨胀的岩层中掘进巷道，由于地下水和各种压力的作用，巷道易产生底鼓。严重的底鼓能使巷道变形破坏、断面缩小，使支架折断、损坏，影响运输、通风、排水，并直接影响生产，危害极大。巷道底鼓可以采取以下方法进行处理。

（1）棚子铺设底梁

对底鼓不很严重、使用可缩性支架的巷道，可在架棚前先卧底挖槽，铺设底梁，底梁下填满背板，再架设上部支架，构成闭合型支架，然后回填铺轨。

（2）碹体砌反拱

当底鼓严重时，可以实行短段掘砌，砌碹支护前，先卧底挖槽砌反拱，然后再砌上部碹体，形成闭合型碹体，最后回填铺轨。反拱的形状有半圆形、圆弧形、三心拱形。由于采用短段掘砌，必须注意接茬质量，而且必须使用料石块或混凝土预制块砌碹，以适应早期承压的特点。

（3）卸压加固

在底鼓最严重的地段，先剥出 1 m 深的岩石，然后进行钻孔（孔深 2.5 m），间隔装药爆破，松动底板，过一段时间以后，往没有爆破的孔内注浆，加固底板。

（4）拉底

采用爆破的方法挖掉鼓起的岩石，恢复原来巷道高度。这种方法费工费时，影响正常施工，也不能根治底鼓，一般难以一次完成，需要多次拉底才能使底板稳定下来。拉底时要注意不要使原有的支架或碹基础“露脚”。

4. 巷道冒顶处理方法

（1）撞楔法

当巷道冒顶处顶板岩石破碎，一动就会继续冒落，无法处理冒落物和架棚时，可以采用撞楔法处理。

巷道冒顶范围较小时的处理方法如图 4—11 所示。如果巷道顶梁被压坏，发生局部顶板垮落，宽度不超过顶梁长，冒落的岩（煤）矸又不多时，可首先加固紧靠冒顶处的支架，防止倒塌，然后沿该架棚子的梁上向冒顶区打入撞楔（如铁钎、带尖的圆木或木板），用荆笆或板皮背严，防止矸石（煤）流入巷道，必要时撞楔可密集排列打入，然后再清理矸石，架设支架直到穿过冒顶区。

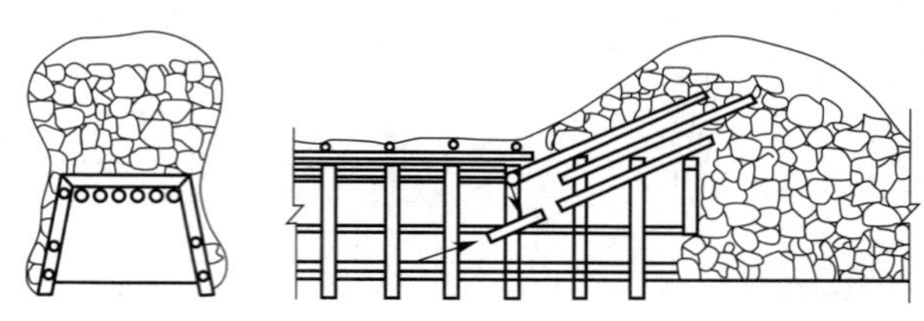

图 4—11　巷道冒顶范围较小时的处理方法

巷道冒落范围较大时的处理方法如图 4—12 所示。

1）小断面快速修复法。如果巷道冒顶范围大，压住运输机、影响通风、行人或冒顶区在独头巷道前方有人员被堵住时，可用撞楔法先架设比原巷道规格小得多的临时支架处理冒顶，待抢救出人员或恢复通风、运输后，再用撞楔法处理大断面冒顶，架设永久支架，如图 4—12a 所示。

2）一次架设永久支护修复法如图 4—12b 所示。先用铁钎和木板横挡在矸石堆前，防止矸石继续滚动。然后用大锤由最前方支架顶梁上侧向上倾斜将削尖且平面向下的撞楔打进冒落岩石堆里，随打随用长钎捅开阻碍撞楔前进的大矸石，并在撞楔间背实木板。在巷道两侧掏槽挖柱窝，立柱腿，上顶梁。顶梁与撞楔之间在不影响下次向前打撞楔情况下应背实，然后在此架顶梁上侧向前打撞楔，直到通过冒顶区。

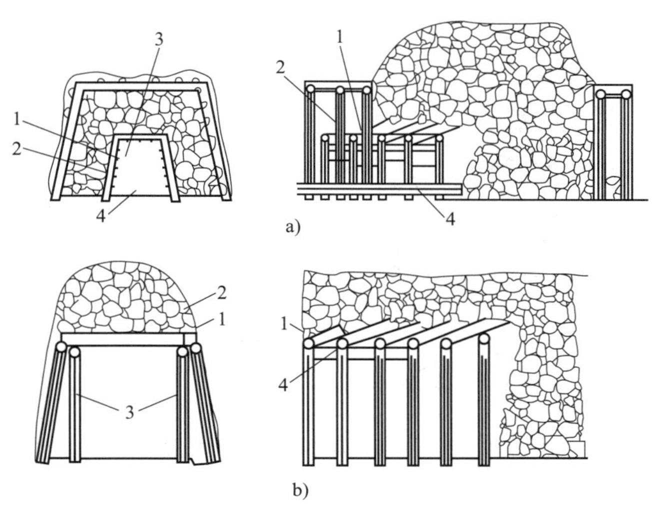

图 4—12　巷道冒落范围较大时的处理方法

a）小断面快速修复法　1—钢钎撞楔　2—木板　3—小断面巷道　4—输送机

b）一次架设永久支护修复法　1—撞楔　2—木板　3—顺抬棚　4—抬棚梁

（2）搭凉棚法

在巷道冒顶处冒落的拱高不超过 1 m，而且顶板岩石不继续冒落，冒顶长度又不大时，可用 5~8 根长料搭在冒顶两头完好的支架上，这种方法就叫作搭凉棚法，如图 4—13 所示。然后在凉棚的掩护下，进行出矸、架棚等。架完棚以后，再在凉棚上用材料把顶背实。这种方法在高瓦斯矿井中不宜使用。

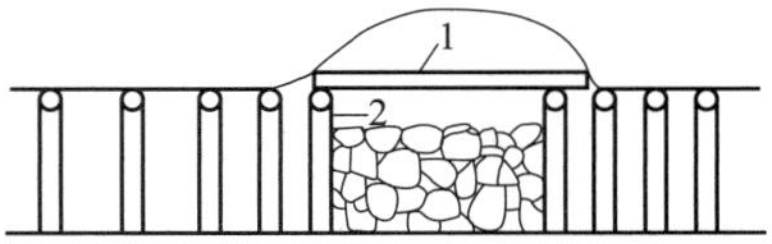

图 4—13　搭凉棚法处理冒顶的巷道

1—凉棚　2—支架

（3）木垛法

1）当巷道冒顶高度不超过 5 m，长度为 10 m 以上，冒落空洞以上顶板岩石基本稳定时，可用此种方法处理巷道冒顶。

用木垛法处理巷道冒顶时，应先扶好靠近冒顶处附近完好支架下的两排抬棚，并用拉条拉紧，打上撑木，使其稳固不动，再在上面架设穿杆，如图 4—14 所示。如果矸石堆松软，在穿杆下还要加打顶柱，然后在穿杆上架木垛。第一层横搁在穿杆上，第二层与第一层垂直，依次由下而上，直到撑住顶板靠住帮时为止。靠顶板处要背一层荆笆，并用木楔背紧，同时在最上层用长穿梁护顶，给架设第二个木垛留好安全保护。

第一个木垛架完后，在其穿杆下架设密集支架，棚距不超过 0. 3 m，边架边出矸，并与后面支架连成整体。接着架设第二个木垛，依此类推，一直到处理完巷道冒顶。

2）当巷道冒顶高度超过 5 m 时，可采用木垛和小棚子结合的方法处理巷道冒顶，如图 4—15 所示。

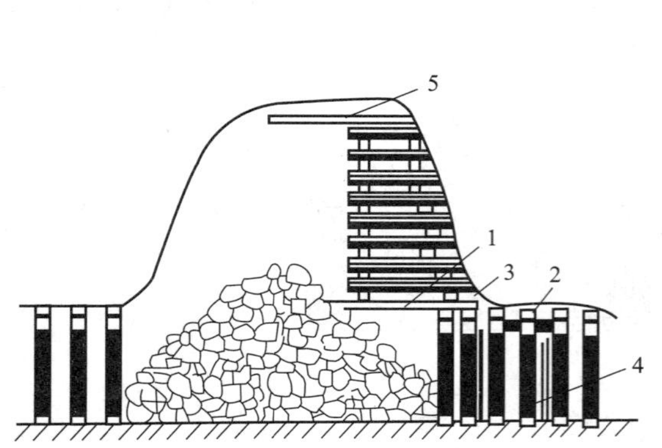

图 4—14　木垛法处理巷道冒顶

1—穿杆　2—拉条　3—并排支架　4—抬棚　5—护顶穿杆

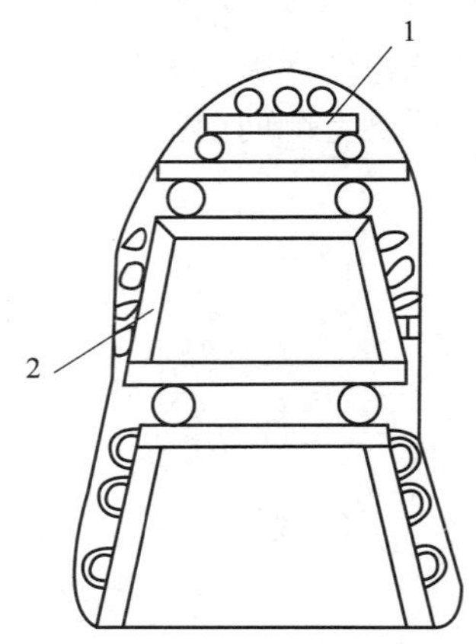

图 4—15　木垛和小棚子结合处理巷道冒顶

1—木垛　2—小棚子

用木垛和小棚子结合的方法处理巷道冒顶不但节省坑木，而且加快了处理速度。

（4）锚喷支护法

使用锚喷支护处理掘进巷道冒顶有以下两种情况：

1）当巷道顶板垮落高度较高，整个巷道被矸石堵塞，清理矸石会引起巷道顶板继续冒落时，可先向帮顶打入穿楔护住顶、帮，清理穿楔下的部分矸石，喷射一层混凝土（约 300 mm 厚），胶结穿楔范围的矸石成一整体，形成临时支架，然后，架设金属支架，再喷一层混凝土，把金属支架完全封闭在混凝土喷层内，如图 4—16 所示。

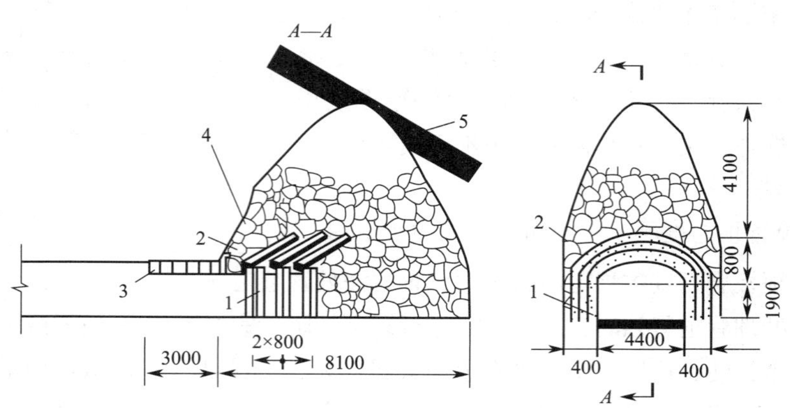

图 4—16　锚喷支护法处理巷道冒顶

1—钢拱　2—钢轨　3—已砌的 3 m 料石碹　4—断层　5—煤层

2）当巷道顶板垮落高度不是太高（约 3 m），可以观察到冒落后的顶板，在短时间内不会继续冒落时，可采用锚喷支护进行处理。

采用锚喷支护进行处理时，人员首先站在冒落的矸石上，向冒顶区内的顶板喷一层 20~30 mm 厚的混凝土封顶，防止顶板继续冒落，然后安装锚杆。锚杆安装完毕后，再喷射一层 60~100 mm 厚的混凝土。把冒顶区的顶板作锚喷支护后，清理冒落矸石，边清理边进行两帮的锚喷支护，最后再进行冒顶区永久支护。

思考练习题

1. 综掘工作面采用锚喷或喷浆支护时应严格遵守哪些规定？
2. 简述综掘工作面支护特点。
3. 锚杆支护与传统的棚式支架相比，有什么优点？
4. 锚杆支护作用原理是什么？
5. 简述锚杆支护的形式。
6. 简述树脂锚杆的安装操作方法。
7. 简述安装锚索的操作方法和步骤。
8. 简述架棚支护安全注意事项。
9. 简述综掘工作面的支护质量要求。
10. 简述综掘工作面顶板控制技术。
11. 综掘工作面顶板事故的防治措施有哪些？

第五章 综掘工作面通风与灾害防治技术

学习目标

1. 了解综掘工作面空气成分。
2. 掌握局部通风机的使用方法和管理规定。
3. 掌握综掘工作面瓦斯、煤尘、火灾、水害、冲击地压的知识。
4. 能处理综掘工作面瓦斯、煤尘浓度超限事故。
5. 能处理综掘工作面火灾、水害、冲击地压一般事故。

随着矿井机械化程度的提高，长距离、大断面采煤工作面的普及和推广，综掘工作面的通风技术已经成为局部通风的重要内容。

综掘工作面灾害主要有瓦斯、煤尘、火灾、水害和冲击地压等，它们对煤矿的安全生产影响很大，必须进行防治。

第一节　综掘工作面通风技术

综掘工作面通风的任务是：供给综掘工作面所有作业人员足够呼吸用的新鲜空气；稀释和排出综掘工作面有害气体及浮游矿尘，使之符合《煤矿安全规程》的要求；提供适宜的温、湿度和良好的气候条件，维持合适的劳动环境；便于综掘工作面的瓦斯排出，制造新鲜风流。

一、矿井大气成分及矿井气候条件

1. 地面空气组成

地面空气是由干空气和水蒸气组成的混合气体，也称为湿空气。干空气是指完全不含有水蒸气的空气，由氧气、氮气、二氧化碳、氩气、氖气和其他一些微量气体组成。干空气的组成成分比较稳定，见表5—1。

表 5—1　　干空气的组成成分

气体成分	按体积计（%）	按质量计（%）	备　注
氧气（O_2）	20.96	23.32	稀有气体氦、氖、氩、氪、氙等计在氮气中
氮气（N_2）	79.0	76.71	
二氧化碳（CO_2）	0.04	0.06	

2. 矿井空气主要成分及基本性质

新鲜空气：井巷中用风地点以前、受污染程度较轻的进风巷道内的空气。

污浊空气：通过用风地点以后、受污染程度较重的回风巷道内的空气。

（1）氧气（O_2）

氧气是维持人体正常生理机能所必需的气体。人体维持正常生命过程所需的氧气量，取决于人的体质、精神状态和劳动强度等。当空气中的氧气浓度降低时，人体就可能产生不良的生理反应，出现种种不舒适的症状，严重时可能导致缺氧死亡。

矿井空气中氧气浓度降低的主要原因是人员呼吸、煤（岩）和其他有机物的缓慢氧化、煤炭自燃，以及瓦斯、煤尘爆炸。此外，煤炭生产过程中产生的各种有害气体，也使空气中的氧气浓度相对降低。

（2）二氧化碳（CO_2）

二氧化碳不助燃，也不能供人呼吸。二氧化碳比空气重（相对密度为 1.52），在风速较小的巷道底板附近浓度较大，在风速较大的巷道中一般能与空气均匀地混合。

矿井空气中二氧化碳的主要来源是煤和有机物的氧化、人员呼吸、碳酸性岩石分解、炸药爆破、煤炭自燃，以及瓦斯、煤尘爆炸等过程。

（3）氮气（N_2）

氮气是新鲜空气中的主要成分，它本身无毒，不助燃，但空气中含氮量升高，则势必造成含氧量相对降低，从而可能造成人员的窒息性伤害。因为氮气不助燃，故可将其用于井下防灭火和防止瓦斯爆炸。矿井空气中氮气主要来源是井下爆破和生物的腐烂，有些煤（岩）层中也有氮气涌出。

（4）矿井空气主要成分的浓度标准

采掘工作面进风流中的氧气浓度不得小于 20%，二氧化碳浓度不得大于 0.5%，总回风流中二氧化碳浓度不得大于 0.75%。当采掘工作面风流中二氧化碳浓度达到 1.5%或采区、采掘工作面回风流中二氧化碳浓度大于 1.5%时，必须停工处理。

（5）矿井空气中其他成分的基本性质

1）一氧化碳（CO）。一氧化碳是一种无色、无味、无臭的气体，相对密度为 0.97，微溶于水，能与空气均匀地混合。一氧化碳能燃烧，当空气中一氧化碳浓度在 13%~75%范围内时，有爆炸的危险。

主要危害：血红素是人体血液中携带氧气和排出二氧化碳的细胞。一氧化碳与人体血液中血红素的亲和力比氧气大 250~300 倍。一旦一氧化碳进入人体后，首先就与血液中的血红素结合，减少了血红素与氧气结合的机会，使血红素失去输氧的功能，从而造成人体血液

"窒息"。一氧化碳含量达到0.08%时，40 min引起人头痛、眩晕和恶心；含量达到0.32%时，5~10 min引起人头痛、眩晕，30 min引起昏迷，甚至死亡。

主要来源：爆破、矿井火灾、煤炭自燃、煤尘或瓦斯爆炸事故等。

2）硫化氢（H_2S）。硫化氢无色、微甜、有浓烈的臭鸡蛋味，当空气中浓度达到0.000 1%时即可嗅到，但当浓度较高时，因嗅觉神经中毒麻痹，反而嗅不到。硫化氢相对密度为1.19，易溶于水，常温、常压下1体积的水可溶解2.5体积的硫化氢，所以它可能积存于旧巷的积水中。硫化氢能燃烧，空气中硫化氢浓度为4.3%~45.5%时有爆炸危险。

主要危害：硫化氢有剧毒，有强烈的刺激作用，能阻碍生物氧化过程，使人体缺氧。当空气中硫化氢浓度较低时，以腐蚀刺激作用为主，浓度较高时，能使人迅速昏迷或死亡。

主要来源：有机物腐烂，含硫矿物水解，矿物氧化和燃烧，从老空区和旧巷积水中放出。

3）二氧化氮（NO_2）。二氧化氮是一种红褐色的气体，有强烈的刺激气味，相对密度为1.59，易溶于水。

主要危害：二氧化氮溶于水后生成腐蚀性很强的硝酸，对眼睛、呼吸道黏膜和肺部有强烈的刺激及腐蚀作用，二氧化氮中毒有潜伏期，中毒者手指会出现黄色斑点。

主要来源：井下爆破工作。

4）二氧化硫（SO_2）。二氧化硫无色，有强烈的硫黄气味及酸味，空气中浓度达到0.000 5%即可嗅到。其相对密度为2.22，易溶于水。

主要危害：二氧化硫遇水后生成亚硫酸，对眼睛及呼吸系统黏膜有强烈的刺激作用，可引起喉炎和肺水肿。当浓度达到0.002%时，眼睛及呼吸器官即感到强烈的刺激；浓度达到0.05%时，短时间内即有生命危险。

主要来源：含硫矿物的氧化与自燃，在含硫矿物中爆破，从含硫矿层中涌出。

5）氨气（NH_3）。氨气是无色、有浓烈臭味的气体，相对密度为0.596，易溶于水，空气中浓度达30%时有爆炸危险。

主要危害：氨气对皮肤和呼吸道黏膜有刺激作用，可引起喉头水肿。

主要来源：爆破工作、用水灭火等，部分岩层中也有氨气涌出。

6）氢气（H_2）。氢气无色、无味、无毒，相对密度为0.07，能自燃，其燃点比甲烷低100~200 ℃。

主要危害：当空气中氢气浓度为4%~74%时有爆炸危险。

主要来源：井下蓄电池充电时可放出氢气，有些中等变质的煤层中也有氢气涌出。

7）甲烷（CH_4）。甲烷是煤矿常见的有害气体，俗称瓦斯，无色、无味、无臭、无毒。它比空气轻，常聚集在巷道上方，当其在空气中含量高时可降低氧含量，引起窒息。它具有爆炸性，爆炸极限一般为5%~16%。

3. 矿井空气中有害气体安全浓度标准

矿井空气中有害气体对井下作业人员的生命安全危害极大，因此，《煤矿安全规程》对常见有害气体的安全标准做了明确的规定。一氧化碳（CO）的最高允许浓度为0.002 4%；

硫化氢（H_2S）的最高允许浓度为 0.000 66%；二氧化硫（SO_2）的最高允许浓度为 0.000 5%；二氧化氮（NO_2）的最高允许浓度为 0.000 25%；瓦斯（CH_4）的最高允许浓度在井下各点不同，后面详述；氨气（NH_3）的最高允许浓度为 0.004%；二氧化碳（CO_2）的最高允许浓度为 0.5%。

4. 矿井气候条件

（1）矿井气候条件定义

矿井气候条件是指矿井空气的温度、湿度和风速等参数的综合作用状态。这三个参数的不同组合，便构成了不同的矿井气候条件。矿井气候条件同人体的热平衡状态有密切联系，直接影响着井下作业人员的身体健康和劳动生产率。

（2）矿井气候条件对人体热平衡的影响

人体无论在静止状态还是在运动状态，都要进行新陈代谢。

人体散热主要通过皮肤表面与外界的对流、辐射和汗液蒸发三种基本形式进行。对流散热的快慢主要取决于周围空气的温度和风速，辐射散热的快慢主要取决于周围物体的表面温度，蒸发散热的快慢则取决于周围空气的相对湿度和风速。

各种气候参数中，空气温度对人体散热起着主要作用，空气湿度影响人体蒸发散热的效果，风速影响着人体的对流散热和蒸发的效果。

总之，矿井气候条件对人体热平衡的影响是一种综合作用，各参数之间相互联系、相互影响。

（3）人对矿井气候条件的适应和《煤矿安全规程》的规定

1）温度是构成矿井气候条件的主要因素，最适宜人们劳动的温度是 15～20 ℃。《煤矿安全规程》规定：当采掘工作面空气温度超过 26 ℃、机电设备硐室超过 30 ℃时，必须缩短超温地点工作人员的工作时间，并给予高温保健待遇。

2）空气湿度是指空气中所含水蒸气量的多少，人体最适宜的相对湿度一般为 50%～60%。

3）风速对人体散热有着明显的影响，风速过高或过低都会引起人的不良生理反应，还对矿井有毒有害气体积聚、煤尘飞扬有直接影响。

二、综掘工作面通风方式

综掘工作面通风方式主要有局部通风机通风和矿井全风压通风两种，最常用的是局部通风机通风。

1. 局部通风机通风

综掘工作面一般用局部通风机通风。局部通风机必须配合专用的风筒才能把新鲜风流送至综掘工作面，排出废气。根据局部通风机与风筒的布置形式不同，可分为压入式、抽出式和混合式三种。压入式通风是局部通风机通风最主要的方式。

（1）压入式通风

1）压入式通风定义。综掘工作面使用的压入式通风如图 5—1 所示。压入式通风是指利用局部通风机和风筒将新鲜空气压入综掘工作面，而乏风经巷道排出的通风方式。

2）压入式通风优、缺点

①压入式通风的优点。风流从风筒末端射向工作面，有效射程较长，一般达 7～8 m，容易排出工作面乏风和粉尘，通风效果好。同时，局部通风机安设在新鲜风流中，安全性能较好。

②压入式通风的缺点。综掘工作面排出的乏风和粉尘要经过有人作业的巷道；爆破时炮烟排出速度慢、时间长。

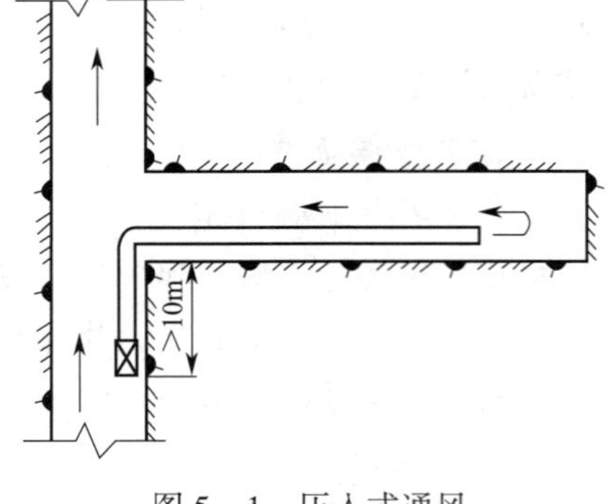

图 5—1　压入式通风

（2）抽出式通风

1）抽出式通风定义。综掘工作面使用的抽出式通风如图 5—2 所示。抽出式通风是指利用局部通风机经风筒抽出综掘工作面的乏风和粉尘，而新鲜空气由巷道进入工作面的通风方式。

2）抽出式通风的优、缺点。其优点是：综掘工作面排出的乏风、粉尘和炮烟不需要经过有人作业的巷道，保障作业人员的身体健康和提高掘进效率。其缺点是：风流由风筒末端吸入，通风效果较差。局部通风机安设在乏风中，乏风由局部通风机中流过，安全性能较差。同时，抽出式通风必须使用硬质风筒或带刚性骨架的可伸缩风筒，成本高且适应性较差。

（3）混合式通风

1）混合式通风定义。综掘工作面使用的混合式通风如图 5—3 所示。混合式通风是指同时使用抽出式和压入式两种通风方法，新鲜空气由压入式局部通风机和风筒压入综掘工作面，而乏风和粉尘则由抽出式局部通风机和风筒排出的通风方式。

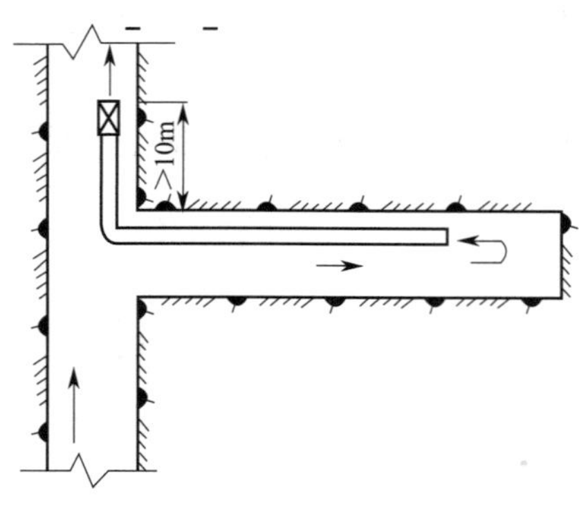

图 5—2　抽出式通风

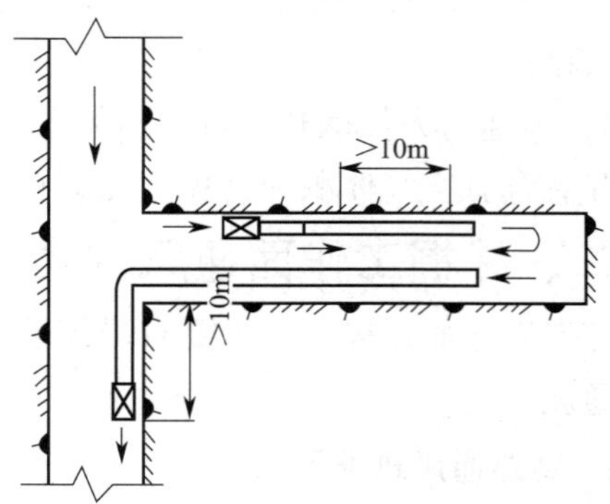

图 5—3　混合式通风

2）混合式通风优、缺点。优点是通风效果好，特别适用于大断面、长距离岩巷掘进工作面的供风。缺点是降低了压入式和抽出式两列风筒重叠段巷道内的风量，造成此处瓦斯积存较大。

3）综掘工作面混合式通风类型。混合式通风按局部通风机和风筒的布设位置不同，可分为长压短抽、长抽短压和长抽长压，长压短轴和长抽短压使用较多。

①长抽短压（前压后抽）。工作面的乏风被压入式风筒压入的新风冲淡和稀释，由抽出式主风筒排出，如图 5—4 所示。

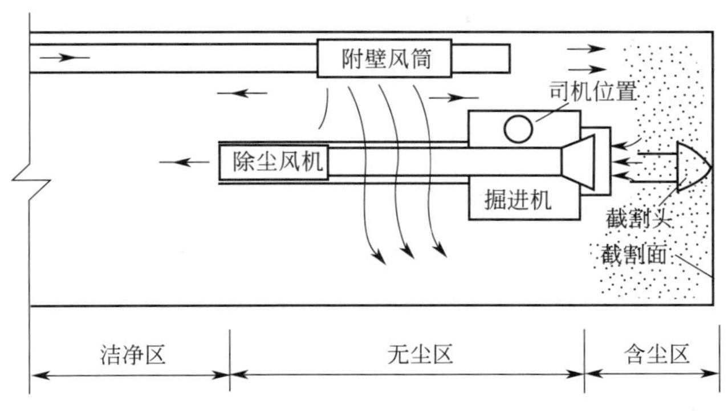

图 5—4　长抽短压通风除尘系统

其中，抽出式主风筒必须用刚性风筒或带刚性骨架的可伸缩风筒，若采用柔性风筒，则可将抽出式局部通风机移至风筒入风口，改为压出式，由里向外排出乏风。

②长压短抽（前抽后压）。新鲜风流经压入式长风筒送入工作面，工作面乏风经抽出式通风除尘系统净化，被净化的风流沿巷道排出，如图 5—5 所示。

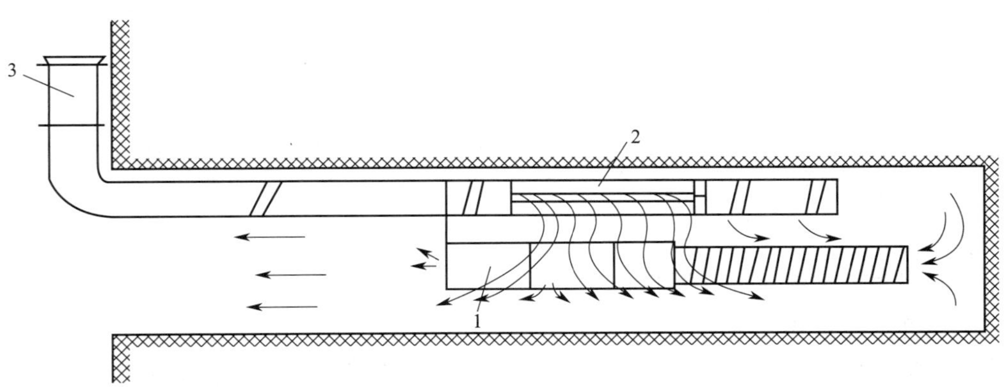

图 5—5　长压短抽通风除尘系统

1—除尘系统　2—控尘系统　3—压入式局部通风机

4）混合式通风的主要特点。混合式通风是大断面长距离岩巷掘进通风的较好方式，但降低了压入式与抽出式两列风筒重叠段巷道内的风量，当掘进巷道断面面积较大时，风速就更小，则此段巷道顶板附近易形成瓦斯层状积聚。

（4）安装局部通风机注意事项

1）爆破、矿车碰撞等易造成风筒的破损，导致漏风，从而使通风效果变差，风筒漏风应及时发现并就地补漏。

2）布置流通方式时，应避免工作面间串联风流，各工作面的乏风直接排往回风道。

3）通风距离过长时，需要局部通风机串联工作，为避免循环风流，两台局部通风机距离最好为风筒全长的1/3，局部通风机工作风量必须小于安装局部通风机巷道风量的70%。

4）压入式出风口的风筒要平直，以克服工作面的乏风流循环。

5）局部通风机连续开动，以使工作面的炮烟、矿尘及其他有害气体浓度符合卫生标准。

2. 矿井全风压通风

全风压通风是利用矿井主要通风机的风压，借助导风设施把主导风流的新鲜空气引入综掘工作面的通风方式。其通风量取决于可利用的风压和风路风阻。

按导风设施不同，矿井全风压通风可分为风筒导风、平行巷道导风、钻孔导风和风障导风。

（1）风筒导风

风筒导风是指在巷道内设置挡风墙截断主导风流，用风筒把新鲜空气引入掘进工作面，污浊空气从独头掘进巷道中排出。

风筒导风辅助工程量小，风筒安装、拆卸比较方便，通常用于需风量不大的短巷掘进通风中。

（2）平行巷道导风

平行巷道导风是在掘进主巷的同时，在附近与其平行掘一条配风巷，每隔一定距离在主、配巷间开掘联络巷，形成贯穿风流，当新的联络巷沟通后，旧联络巷即封闭。两条平行巷道的独头部分可用风障或风筒导风，巷道的其余部分用主巷进风，配巷回风。

平行巷道导风常用于煤巷掘进，尤其是厚煤层的采区巷道掘进中，也常用于解决长巷掘进独头通风的困难。

（3）钻孔导风

钻孔导风是指在离地表或邻近水平较近处掘进长巷反眼或上山时，可用钻孔提前沟通掘进巷道，以便形成贯穿风流。

这种通风方法曾被应用于煤层上山的掘进通风，取得了良好的排瓦斯效果。

（4）风障导风

风障导风是指在巷道内设置纵向风障，把风障上游一侧的新风引入掘进工作面，清洗后的乏风从风障下游一侧排出。这种导风方法构筑和拆除风障的工程量大，适用于短距离或无其他好方法可用的场合。

3. 综掘工作面临时停风的安全措施

综掘工作面供风的局部通风机因机械故障或供电故障停止运转（时间不确定），造成综掘工作面停风时，必须遵守以下安全措施：

（1）综掘工作面作业人员必须立即撤至全风压通风巷道中，并及时向调度室报告，由班组长负责在独头巷道外口挂上“停风，禁止入内”的警示牌。

（2）调度室接到报告后，明确停风原因并立即通知通风科或机电科等有关单位，组织人员处理故障。

（3）处理完故障，恢复通风前，必须通知瓦斯检查员首先检查停风区内的瓦斯浓度。停风区内瓦斯浓度不大于1%或二氧化碳浓度不大于1.5%，局部通风机及其开关地点附近10 m以内风流中的瓦斯浓度都不大于0.5%时，方可由作业场所专管人员开动局部通风机，恢复正常通风。

（4）停风区内瓦斯浓度大于1.0%或二氧化碳浓度大于1.5%，最高瓦斯浓度和二氧化碳浓度不大于3.0%时，必须采取以下安全措施，控制风流排放瓦斯。

1）当班瓦斯检查员、安全检查员、通风电工等有关人员必须到位，排放前必须分工明确、职责分明。

2）安全检查员负责排放瓦斯时现场的安全管理及监督工作。通风电工负责开启风机后，通过局部通风机进风控制来控制风量，排放瓦斯时严禁“一风吹”。通风电工必须服从瓦斯检查员的指挥，严格按瓦斯检查员的要求给风。瓦斯检查员负责检查排出的瓦斯与全风压风流混合处的瓦斯和二氧化碳浓度，两者都不得大于1.5%。

3）排放过程中，瓦斯检查员每10 min检查一次全风压混合处瓦斯和二氧化碳浓度，如果检查浓度大于等于1.5%，必须通知通风电工及时调节通风机进风量，降低供风量。

4）瓦斯检查员经检查确认全风压混合处瓦斯和二氧化碳浓度都小于1.0%，方可进入排放巷道内，从外往里逐步检测气体，证实恢复通风的巷道风流中瓦斯浓度不大于1%，二氧化碳浓度不大于1.5%时，方可人工恢复局部通风机供风巷道中一切电气设备的供电。

5）安全检查员负责上述措施的落实工作。

（5）停风区内瓦斯浓度或二氧化碳浓度大于3.0%时，必须严格按《煤矿安全规程》规定，首先制定安全排放措施，报矿总工程师批准，方可进行排放。

三、综掘工作面热害处理技术

1. 综掘工作面热害成因与危害

（1）综掘工作面热害成因

井下的气候主要由矿井的温度、湿度和风速决定。造成综掘工作面气温升高的热源很多，主要有相对热源与绝对热源。相对热源的散热量与其周围气温的差值有关，如高温岩层和热水散热。绝对热源的散热量受气温影响较小，如机电设备、化学反应和空气压缩等热源。高温岩层散热是影响矿井空气温度升高的重要原因，它主要通过井巷岩壁和冒落、运输中的煤（岩）与矿井空气进行热交换。当矿井有高温热水涌出时，将影响整个矿井的微气候。

矿井最适宜相对湿度为50%~60%。一般井下空气相对湿度为80%~90%，总回风道和回风井内的相对湿度接近100%。造成矿井空气湿度大的原因主要是井巷壁面的散热和矿井水（含生产用水）的蒸发。

从总体来看，导致矿井高温热害的主要因素有地热、采掘机电设备运转时放热、输送中的矿物和矸石放热，以及风流下行时自压缩放热4大热源。就个别矿山而言，矿内高温水涌出、强烈氧化等也可能形成高温热害。

（2）井下高温的危害

1）高温对人体的危害。在矿井生产中可能遇到种种不利的微气候，其中主要是矿井的高温、高湿。所谓高温，是指井下气温超过30 ℃；所谓高湿，是指相对湿度超过80%。产生高温、高湿的微气候，则表明热害出现。在高温环境中，热害可能使人产生一系列生理功能的改变：体温调节发生障碍，体温和皮温升高；水盐代谢出现紊乱，使机体的机能受到影响；循环系统、消化系统、泌尿系统、神经系统等均会因高温高湿作用改变正常的功能，甚至致病。

2）高温环境对劳动效率及安全的影响。在高温环境中，人的中枢神经系统容易失调，从而感到精神恍惚、疲劳、周身无力、昏昏沉沉，这种精神状态成为诱发事故的原因。在高温矿井中，一般生产率均较低，有的矿井的劳动效率仅为30%~40%。

3）井下高温还是造成井下火灾事故不可忽视的因素。

2. 井下热害防治技术

针对矿井热源，有热害的煤矿都采取了不同的热害防治措施，主要是非空调降温和空调降温。

（1）非空调降温

1）通风降温

①增加风量。增加风量可以大大降低空气的含热量，是一种有效的降温措施。改善通风系统，增加井下通风量，可采用减小风阻、防止漏风、加大鼓风机能力、采用合理分风与辅助风路通风法、加强通风管理等措施。但是，风量的增加不是无限制的，它受规定的风速和降温成本的制约。

②采场通风形式。采场通风有多种形式，但以抑制采空区热气窜入工作面和增加工作面有效风量的形式对降温最有利。采场下行通风时，矿岩运输方向与风流同向，这样使矿岩运输过程中放出的热量和水蒸气，以及运输设备的机电设备散热等不再返回工作面，从而大大改善工作面进风流的空气状态。此外，新鲜风流从岩温较低的上水平区进入采区，从围岩获得的热量也相对较少。

2）合理的开拓方式降温。开拓方式不同，进风线路长度不同，则风流到达工作面的温度也不同。一般情况下，分区式开拓可以大大缩短进风线路长度，从而降低进风流到达工作面前的温升。

3）充填采矿法降温。应用充填采矿法有利于采场降温，这是因为减小了采空区岩石散热的影响，采空区漏风量大大降低，同时，充填物还可大量吸热，可起到冷却井下空气的作用。

4）减少热源法降温

①岩层热的控制方法。可采用隔热物质喷涂岩壁，防止围岩传热，巷道保持适当的湿度，提高风速以提高空气冷却能力，预冷矿层等措施降温。

②机械热的控制方法。机电硐室独立通风，选用辅助风扇并选择适当的位置，避免使用低效率机械等。

③热水及管道热的控制方法。超前疏排热水，并用隔热管道排至地面，或经过有隔热盖板的水沟导入水仓，将高温排水管和热压风管敷设于回风巷道中，或将压缩空气冷却后再送入井下等。

④爆破热的控制。井下采掘工作面爆破产生的热量一般在爆破后不久即由回风巷道排出井外，为免受其影响，通常将爆破时间与井下人员的工作时间分开。

5）其他措施降温。全矿性降温措施有进风井口喷水、利用进风巷道岩层调热圈冷却风流、利用冻结井筒的冻结壁自然解冻做空调冷源等。局部性降温措施有喷雾、放置冰块、利用压风引射器通风、利用空气调节器降温等。

（2）空调降温

矿井空调降温是空调应用技术发展的一个新领域。当采用非空调降温措施仍无法达到所要求的作业环境标准或不经济时，应考虑使用空调降温技术。降温技术关键是制冷、输冷、传冷与排热。

1）制冷。制冷机按其结构特征不同，可分为离心式、螺杆式和活塞式，按风流的冷却方式不同，又分为冷风机组和冷水机组。所谓冷水机组，就是载冷剂（或称冷水）被制冷机的蒸发器冷却后，再输送到空气冷却器冷却风流，这样的制冷机组称为冷水机组。用蒸发器直接冷却风流的制冷机组称为冷风机组。由于煤矿井下空气中含有瓦斯、煤尘等可燃易爆物质，因此，制冷机所用的制冷剂必须符合无毒、不可燃和无爆炸危险的要求。

2）输冷。在大范围的矿井降温工程中，制冷站制取的冷量大都通过管道用水作为载冷剂进行输冷。目前，国内外常用的矿用保冷材料以泡沫塑料制品为主。

3）传冷。如何有效地将制冷设备制取的冷量传递给风流，是矿井降温中的重要环节，目前传冷方式主要有表面式空气冷却器传冷、喷淋式空气冷却器传冷、其他传冷方式传冷三大类。

4）排热。制冷机安设在地面时，排热问题比较简单，容易解决；制冷机安设在井下时，排热问题比较复杂，且难以解决。目前世界上许多井下大型降温系统都是利用回风流排热，这是一种经济有效的方法。

四、综掘工作面通风管理

1. 安装和使用局部通风机和风筒的规定

（1）局部通风机必须由指定人员负责管理，保证正常运转。

（2）压入式局部通风机和启动装置必须安装在进风巷道中，距掘进巷道回风口不得小于10 m。全风压供给该处的风量必须大于局部通风机的吸入风量，局部通风机安装地点到回风口间巷道中的最低风速必须符合有关规定。

（3）高瓦斯矿井、煤（岩）与瓦斯（二氧化碳）突出矿井、低瓦斯矿井中高瓦斯区的煤巷、半煤岩巷和有瓦斯涌出的岩巷综掘工作面除正常工作的局部通风机外，必须配备安装同等能力的备用局部通风机，并能自动切换。正常工作的局部通风机必须采用“三专”（专用开关、专用电缆、专用变压器）供电，专用变压器最多可向4套不同综掘工作面的局部通风机供电。备用局部通风机电源必须取自同时带电的另一电源，当正常工作的局部通风机故障时，备用局部通风机能自动启动，保持综掘工作面正常通风。

（4）其他综掘工作面和通风地点正常工作的局部通风机可不配备安装备用局部通风机，但必须采用三专供电。正常工作的局部通风机和备用局部通风机的电源必须取自同时带电的不同母线段的相互独立的电源，保证正常工作的局部通风机故障时，备用局部通风机正常工作。

（5）必须采用抗静电、阻燃风筒。风筒口到掘进工作面的距离、混合式通风的局部通风机和风筒的安设、正常工作的局部通风机和备用局部通风机自动切换的交叉风筒接头的规格和安设标准，应在作业规程中明确规定。

（6）正常工作的局部通风机和备用局部通风机均失电停止运转后，当恢复供电时，这两种局部通风机均不得自行启动，必须人工启动。

（7）使用局部通风机供风的地点必须实行风电闭锁，保证当正常工作的局部通风机停止运转或停风后，能切断停风区内全部非本质安全型电气设备的电源。正常工作的局部通风机故障，切换到备用局部通风机工作时，该局部通风机通风范围内应停止工作，排除故障，待故障被排除，方可恢复工作。使用两台局部通风机同时供风的，两台局部通风机都必须同时实现风电闭锁。

（8）每 10 天至少进行一次甲烷电闭锁试验，每天应进行一次正常工作的局部通风机与备用局部通风机自动切换试验，试验期间不得影响局部通风，试验记录要存档备查。

（9）严禁使用 3 台以上（含 3 台）局部通风机同时向 1 个综掘工作面供风。不得使用 1 台局部通风机同时向 2 个作业的综掘工作面供风。

2. 综掘工作面局部通风机、风筒管理制度

（1）综掘工作面作业规程必须有局部通风设计，内容包括通风方式、风量计算、局部通风机和风筒选型、风筒的连接及吊挂位置、局部通风机安装的位置、风筒末端距工作面的距离等。风量计算必须按照瓦斯涌出量、施工人数、风速等确定。

（2）局部通风机的安装和使用必须符合《煤矿安全规程》规定，不得发生循环风并符合最低风速要求。两台局部通风机同时向一个综掘工作面供风，必须同时与工作面电源联锁，当任何一台发生故障停止运转时，必须立即切断工作电源。

（3）局部通风机和启动装置必须安装在进风巷道中，且顶板完好、无淋水，方便检修，距回风口不得小于 10 m。通风机如放在局部通风机架上，距底板高度要大于 0.3 m；如吊在巷道顶部，距底板高度要大于 2 m。供给局部通风机的全负压供风量必须大于局部通风机吸风量，以免发生循环风。

（4）煤巷和半煤巷掘进工作面的安全设备必须完善：双局部通风机（不得将对旋局部通风机的两极作为双局部通风机使用）、双电源（其中一路为“三专”电源）、自动倒台，实现“三专两闭锁”。动力线为阻燃电缆，照明、通信、信号使用标准电缆。严格执行“一炮三检”和“三人联锁放炮”制度，使用煤矿许用炸药和煤矿许用电雷管，并按要求使用专用发爆器爆破。现场应配备专用电话，所有职工必须佩戴自救器，高瓦斯工作面配备专职瓦斯检查员，所有电气设备均应符合《煤矿安全规程》的有关规定。

（5）局部通风机吸风口有风罩和整流器，高压部位有衬垫（不漏风），坚持使用高效率、低噪声的局部通风机。5.5 kW 以上局部通风机必须装有消声器（低噪声局部通风机和除尘局部通风机除外）。

3. 综掘工作面局部通风机维护、保养、检修制度

（1）局部通风机的维护和保养

1）局部通风机接线后要单机逐台试转正常后方可投入运行，不许同时供电试转。

2）局部通风机电源必须使用专供电源，做到双线路一使一备（特殊情况下经批准可使用动力作为备用）。

3）控制局部通风机的开关必须是专用自动切换开关。

4）接入局部通风机的切换开关必须接入风电闭锁及瓦斯监控和开停装置。

5）局部通风机开关必须设专人看管，瓦斯检查员对负责区域的局部通风机进行监管，因故障停机时要及时启用备用通风机并及时汇报，瓦斯超限故障时要经有关科室人员有组织地按瓦斯排放措施进行减排操作，待瓦斯浓度正常后方可正常启动风机，专管人员要认真填写好当班记录，并做到汇报及时、准确。

（2）局部通风机的检修

1）局部通风机无论因何种原因升井入厂检修，机修厂都必须对其进行分解检修，并更换新轴承。

2）检修局部通风机时，必须严格按检修完好标准和规程的相关要求进行，要保证轴承注油、绝缘强度及隔爆面各部间隙等符合相关标准。

3）对检修合格的局部通风机，机修厂要及时做好台账和检修记录并报设备库备案。

4.《煤矿安全规程》的规定

（1）使用局部通风机通风的掘进工作面，不得停风；因检修、停电、故障等原因停风时，必须将人员全部撤至全风压进风流处，切断电源，设置栅栏、警示标志，禁止人员入内。

（2）局部通风机因故停止运转，在恢复通风前，必须首先检查瓦斯，只有停风区中最高甲烷浓度不超过 1.0% 和最高二氧化碳浓度不超过 1.5%，且局部通风机及其开关附近 10 m 以内风流中的甲烷浓度都不超过 0.5% 时，方可人工开启局部通风机，恢复正常通风。

（3）临时停工的地点，不得停风；否则必须切断电源，设置栅栏、警标，禁止人员进入，并向矿调度室报告。停工区内甲烷或者二氧化碳浓度达到 3.0% 或者其他有害气体浓度超过本规程第一百三十五条的规定不能立即处理时，必须在 24 h 内封闭完毕。恢复已封闭的停工区或者采掘工作接近这些地点时，必须事先排除其中积聚的瓦斯。排除瓦斯工作必须制定安全技术措施。严禁在停风或者瓦斯超限的区域内作业。

第二节 综掘工作面瓦斯防治

瓦斯是指矿井中主要由煤层气构成的以甲烷为主的有害气体，有时单独指甲烷。瓦斯是一种无色、无味、无臭、可以燃烧或爆炸的气体，难溶于水，扩散性较空气高。瓦斯无毒，但浓度很高时会引起窒息。瓦斯是煤矿生产中的有害因素，它不仅污染空气，而且当空气中瓦斯含量为5%~16%时，遇火会引起爆炸，造成事故。

一、矿井瓦斯及瓦斯爆炸事故

1. 矿井瓦斯基本知识

(1) 瓦斯赋存状态

瓦斯在煤层中的赋存状态主要有两种：一种称为游离瓦斯或自由瓦斯，这种状态的瓦斯呈自由气态，符合理想气体状态方程；另一种称为吸附瓦斯，它主要吸附在煤的微孔表面上和在煤的微粒内部，占据着煤分子结构的空位或煤分子之间的空间。实测表明，在开采深度下（1 000~2 000 m以内）煤层吸附瓦斯占70%~95%，而游离瓦斯占5%~30%。

(2) 煤层瓦斯含量与瓦斯涌出

煤层瓦斯含量是指单位质量煤体中所含瓦斯的体积，单位为m^3/t。煤层瓦斯含量是确定矿井瓦斯涌出量的基础数据，是矿井通风及瓦斯抽放设计的重要参数。煤层在天然条件下，未受采动影响时的瓦斯含量称为原始瓦斯含量；受采动影响，已有部分瓦斯排出后剩余在煤层中的瓦斯含量，称为残存瓦斯含量。影响煤层原始瓦斯含量的因素很多，主要有煤化程度、煤层赋存条件、围岩性质、地质构造、水文地质条件等。

开采煤层时，煤体受到破坏或采动影响，储存在煤体内的部分瓦斯就会离开煤体而涌入采掘空间，这种现象称为瓦斯涌出。矿井瓦斯涌出形式可分普通涌出和特殊涌出两种。

矿井瓦斯涌出量是指开采过程中正常涌入采掘空间的瓦斯数量，瓦斯涌出量的表示方法有绝对瓦斯涌出量（单位时间涌入采掘空间的瓦斯量，单位为m^3/min）和相对瓦斯涌出量（单位质量的煤所放出的瓦斯数量，单位为m^3/t）两种。

影响矿井瓦斯涌出量的因素主要有煤层瓦斯含量、开采规模、开采程序、采煤方法与顶板管理方法、生产工艺、地面大气压力的变化、通风方式和采空区管理方法等。

《煤矿安全规程》规定：一个矿井中只要有一个煤（岩）层发现瓦斯，该矿井即为瓦斯矿井。瓦斯矿井必须依照矿井瓦斯等级进行管理。

根据矿井相对瓦斯涌出量、矿井绝对瓦斯涌出量、工作面绝对瓦斯涌出量和瓦斯涌出形式不同，可将矿井分为低瓦斯矿井和高瓦斯矿井。

同时满足下列条件的为低瓦斯矿井：矿井相对瓦斯涌出量不大于10 m^3/t，矿井绝对瓦斯涌出量不大于40 m^3/min，矿井任一掘进工作面绝对瓦斯涌出量不大于3m^3/min，矿井任一采煤工作面绝对瓦斯涌出量不大于5m^3/min。

具备下列条件之一的为高瓦斯矿井：矿井相对瓦斯涌出量大于10 m^3/t，矿井绝对瓦斯涌出量大于40 m^3/min，矿井任一掘进工作面绝对瓦斯涌出量大于3 m^3/min，矿井任一采煤工作面绝对瓦斯涌出量大于5 m^3/min。

(3) 瓦斯喷出

矿井瓦斯喷出是指大量瓦斯从煤体或岩体裂隙、孔洞或炮眼中异常涌出的现象。在

20 m 巷道范围内，涌出瓦斯量大于或等于 1.0 m^3/min，且持续时间在 8 h 以上时，该采掘区域即为瓦斯喷出危险区域。

瓦斯喷出的预兆是矿压活动显现剧烈、煤壁片帮严重、底板突然鼓起、支架承载力加大甚至破坏、煤层变软或变潮湿等。

另外，还存在煤（岩）与瓦斯（二氧化碳）突出，即在地应力和瓦斯的共同作用下，破碎的煤（岩）和瓦斯（二氧化碳）由煤体或岩体内突然向采掘空间抛出的异常动力现象。煤（岩）与瓦斯（二氧化碳）突出具有突发性、极大破坏性和瞬间携带大量瓦斯（二氧化碳）和煤（岩）冲出等特点，能摧毁井巷设施，破坏通风系统，造成人员窒息，甚至引起瓦斯爆炸和火灾事故，是煤矿最严重的灾害之一。煤（岩）与瓦斯（二氧化碳）突出发生前通常有地层微破坏、瓦斯涌出变化、煤层层理紊乱、钻孔卡钻夹钻、煤壁温度降低、散发煤油气味、煤层产状发生变化等预兆。

（4）瓦斯爆炸

矿井瓦斯不助燃，但它与空气混合成一定浓度后，遇火能燃烧、爆炸。瓦斯爆炸时会产生爆炸火焰、爆炸冲击波和有毒有害气体。瓦斯爆炸不仅造成大量的人员伤亡，而且还会严重摧毁矿井设施、中断生产。瓦斯爆炸往往引起煤尘爆炸、矿井火灾、井巷坍塌和顶板冒落等二次灾害。

2. 矿井瓦斯爆炸条件

瓦斯爆炸必须同时具备三个基本条件：一是瓦斯浓度在爆炸界限内，一般为 5%~16%；二是混合气体中氧气的浓度不小于 12%，三是足够能量的火源。

（1）瓦斯浓度在爆炸界限内

瓦斯爆炸发生的浓度界限指的是瓦斯与空气的混合气体中瓦斯的体积浓度。当瓦斯浓度达到 9.5%时，理论上瓦斯可以同空气中的氧气完全反应，从而放出最多的热量，因此爆炸的强度最大；当瓦斯浓度小于 5%时，由于参加化学反应的瓦斯较少，不能形成热量积聚，因此不能爆炸，只能燃烧；当瓦斯的浓度大于 16%时，由于空气中氧气不足，只能有部分的瓦斯与氧气发生反应，所生成的热量被多余的瓦斯和周围介质吸收，也不能发生爆炸。

（2）充足的氧气含量

瓦斯与空气混合气体中氧气的浓度必须大于 12%，否则爆炸反应不能持续。煤矿井下的封闭区域、采空区内及其他裂隙等处，由于氧气消耗或没有供氧条件，可能出现氧气浓度小于 12%的情况。其他巷道、工作场所等氧气含量不得小于 20%，一般不存在氧气浓度小于 12%的情况，因为在此情况下，人员在短时间内就会因窒息而死亡。

（3）足够能量的点火源

点火源能够引起瓦斯爆炸的三个条件是：温度不低于 650 ℃，能量大于 0.28 mJ，持续时间大于爆炸感应期。这三个条件通常很容易满足，如明火、煤炭自燃、撞击火花、电火花等。在煤矿开采过程中，有时对一些不可避免的火源需要采取特殊的技术，使其不能满足瓦斯的点火条件。

例如，井下爆破时所用的毫秒雷管产生的火焰温度达 2 000 ℃，但持续的时间很短，短于爆炸感应期，因此不会引起瓦斯爆炸。

3. 掘进工作面易发生瓦斯爆炸的原因

矿井瓦斯爆炸大部分发生在煤层的采掘工作面附近，其中又以掘进工作面居多。掘进工作面较易发生瓦斯爆炸的原因有两个方面。

一方面是掘进巷道多数位于煤层的新开拓区，由于它是首先揭露煤层，一般说来，单位面积瓦斯涌出量比采煤工作面多，而且又未构成通风系统，仅靠局部通风机供风，往往因局部通风机停运或能力不足，使瓦斯积聚达到爆炸浓度。

另一方面是煤巷掘进多使用电气设备并经常放炮，如果电气设备防爆性能不良或不按规定放炮，就容易产生电火花或爆炸火焰，引起爆炸。

4. 瓦斯爆炸事故预防措施

“先抽后采、监测监控、以风定产”的瓦斯治理十二字方针确立了瓦斯防治的指导思想和方法。在煤矿生产过程中，瓦斯爆炸、燃烧和窒息事故的防治应以预防为主，落实好各项规章制度，杜绝日常生产中存在的瓦斯危害隐患。

（1）落实矿井瓦斯管理制度

根据矿井生产情况，按照有关规定，要建立和健全矿井瓦斯管理的有关规定和制度，相关工作人员要严格遵守、执行。例如爆破过程中的瓦斯管理制度，排放瓦斯的有关规定，瓦斯监测装备使用、管理的有关规定，盲巷、旧区和密闭启封等瓦斯管理规定，矿井瓦斯抽放规定，防止煤与瓦斯突出的规定等。

（2）加强瓦斯抽放管理

瓦斯抽放可以将煤层中存在或释放出的瓦斯通过机械设备和专用管路抽出来，输送到地面或其他安全地点。抽放瓦斯是防治瓦斯灾害的治本措施，不仅降低了瓦斯涌出量，消除了瓦斯爆炸隐患，还能将抽出的瓦斯收集并加以利用，变害为利。

（3）建立健全瓦斯和通风监测监控系统

1）按照《煤矿安全规程》的要求，建立完整、可靠的煤矿瓦斯、通风监测监控系统。

2）掌握瓦斯涌出规律，进行科学、合理通风，及时发现瓦斯超限或积聚事故隐患，通过加强通风等措施消除瓦斯积聚，通过报警、断电停止作业、撤出人员等措施避免瓦斯事故的发生。

（4）加强通风管理

防止井下瓦斯积聚，首先应加强矿井通风。按实际需要分配风量并及时调节风量，利用新鲜空气来稀释并排出瓦斯，必须确保风量、风速符合《煤矿安全规程》的要求。

（5）加强爆破过程中的瓦斯管理

爆破过程中要严格执行瓦斯管理制度，做到严格检查，严格执行“一炮三检”和“三人连锁放炮”制度。

5. 综掘工作面防治瓦斯超限规定

正常情况下，综掘工作面（专指掘进机掘进施工）由专职瓦斯检查员采用光学瓦斯检测仪每班至少随机选择迎头一个帮锚眼检测瓦斯浓度（检测时应伸入帮锚眼内300~500 mm）。若帮锚眼检测瓦斯浓度不大于10%，正常进行掘进。若帮锚眼检测瓦斯浓度超过10%，必须再选择2~3个帮锚眼进行验证。若全部大于10%，瓦斯检查员必须通知施工区队班组长，由班组长安排延接风筒至迎头距离不超过5 m，并安排掘进机司机采用掘进机割煤时应随时注意掘进机上便携式瓦斯检测报警仪数值，通过便携式瓦斯检测报警仪数值变化控制割煤速度（要求便携式瓦斯检测报警仪监测瓦斯浓度控制在0.5%以内），同时由瓦斯检查员汇报调度室，调度室通知监测监控值班人员注意该掘进巷道迎头瓦斯传感器数值变化情况，瓦斯传感器监测瓦斯浓度达到0.5%，必须通过调度员告知区队停止割煤，待瓦斯浓度降至正常值时方可进行割煤，并要求区队控制割煤速度。

二、综掘工作面瓦斯管理

1. 掘进工作面瓦斯管理措施

（1）强化局部通风管理，严格按计划配风，局部通风机严格按规定及安全质量标准化要求安装使用。

（2）综掘工作面局部通风机必须设专人管理，以确保正常运转，严禁无计划停风，任何人不得随意停开局部通风机或断开风筒，严禁损坏局部通风设施。

（3）严格按安全质量标准要求接设风筒，做到接头严密不漏风，无破口，吊挂平直，逢环必挂等。

（4）综掘工作面必须实行“三专两闭锁”，当局部通风机停止运转时或工作面瓦斯超限时，都能自动切断供风巷道的一切非本质安全型电源。

（5）交接班临时停工时，不得停风，因检修或其他原因有计划停风时，必须按局部通风机停风规定撤出人员，切断电源。恢复通风前瓦斯检查员必须到位，检查工作面、风机及启动装置附近10 m范围内瓦斯浓度。检查结果符合规程规定，方可开动局部通风机进行通风，否则必须采取措施进行处理。

（6）瓦斯检查员必须严格执行现场交接班制度及汇报制度。

（7）综掘工作面安全监控系统设备严格按规定加强管理，定期调校瓦斯传感器，并进行瓦斯超限自动断电的甲烷电闭锁试验，保证监控系统功能完好。传感器的挂设位置必须符合规定，瓦斯传感器到工作面距离不大于5 m。

（8）风筒末端到工作面的距离不得大于5 m，保证综掘工作面风量。

（9）电气设备严禁失爆，发现电气问题后，电工要及时处理。

（10）掘进作业严格执行巷道贯通、瓦斯排放等专项安全技术措施。

2. 综掘工作面瓦斯排放管理制度

（1）瓦斯排放的安全技术措施

凡因停电、停风或其他原因造成瓦斯操作积聚的，必须制定瓦斯排放安全技术措施。瓦斯排放安全技术措施包括以下内容：

1）明确排放瓦斯流经的路线和方向、风流控制设施的位置、各种电气设备及瓦斯传感器的位置等，并绘制示意图。

2）明确断电和撤人范围，凡是受排放瓦斯影响的硐室、巷道和排放瓦斯风流切断安全出口的工作面，必须停电、撤人、停止作业，所有通往该范围的巷道必须设置栅栏、提示警标或设专人警戒（专人警戒位置要在新鲜风流中），禁止无关人员进入。

3）排放后设专人检查瓦斯，在通风系统、供电系统及电气设备完好，而且排放巷道的瓦斯浓度小于1%、二氧化碳浓度不大于1.5%、氧气浓度不小于20%，并在30 min之后瓦斯浓度无变化时，方可指定专人人工复电。

（2）排放瓦斯其他注意事项

1）参加排放瓦斯人员的矿灯及所携带的甲烷检定器等要符合防爆要求。

2）如果需进入停风区内检查瓦斯，必须由瓦斯检查员、生产班组长或安全员两人进行。检查时，两人前后相距5 m，并携带氧气浓度检查仪和甲烷检定器等气体检定器具，当氧气浓度小于18%或瓦斯、二氧化碳浓度达到3%，或是其他有害气体浓度超过《煤矿安全规程》规定时，要停止检查并立即撤出停风区域。若条件不具备且需检查瓦斯时，由矿山救护队负责进行。

3）启封密闭的排放瓦斯工作一律由矿山救护队负责进行，通风部门负责排放瓦斯的浓度控制。

4）排放瓦斯结束后，被高浓度瓦斯（指瓦斯浓度大于3%）淹没区域的电气设备开关盖应打开，排出内部积聚的瓦斯后，方可复电。

5）排放结束后，要经通风瓦斯检查人员检查，证实确无危险后，方可通知矿调度室和生产单位恢复工作。

6）所有措施须经通风、生产、安监、机电等有关负责人签字并经矿总工程师审签后，方可报上级审批。

7）为了加强排放瓦斯管理，各单位每次排放都要建册登记备查。

第三节　综掘工作面粉尘防治

一、煤矿粉尘基本知识

1. 煤矿粉尘概述

煤矿粉尘是煤矿在生产过程中产生的各类固体物质细微颗粒的总称，简称矿尘。其中，煤炭、岩石在开采和加工中受粉碎而形成的细微颗粒分别称为煤尘和岩尘。

悬浮在空气中的粉尘称为浮尘，也称为浮游粉尘；因自重而降落在物体（如设备、物料）和巷道周边上的粉尘称为落尘，也称为沉积粉尘。

浮游粉尘随人的呼吸进入人体呼吸器官，其中较大的尘粒被阻留在呼吸道内，易于被排出体外，而粒径小于5 μm的粉尘大部都能进入人体肺部而引发各类尘肺病，这样的粉尘称为呼吸性粉尘。悬浮在空气中的含各种粒径的粉尘称为全尘。长期过量吸入煤尘而引起的尘肺病称为煤肺病；长期过量吸入含结晶型游离二氧化硅的岩尘而引起的尘肺病称为硅肺病。

2. 煤矿粉尘特征

（1）粉尘表面吸附一层空气薄膜，阻碍粉尘间或水滴与粉尘间的凝聚沉降。

（2）粉尘的分散度增大，吸附在其表面的氧分子增多，加快了粉尘氧化分解过程。

（3）由于细微岩尘表面积增大，岩尘中的游离二氧化硅很容易溶解于人体肺细胞中。

（4）采掘工作面产生的新鲜粉尘较回风巷道中的粉尘易带电。

3. 煤矿粉尘来源

在煤矿生产过程中产生粉尘的主要环节有电钻或风钻打眼、放炮、风镐或机械采煤、人工或机械装渣、人工攉煤、放顶煤开采的放煤作业、工作面放顶及假顶下的支护、自溜运输、运输设备的转载和提升卸载等。井下粉尘较多的地点有采煤和掘进工作面、自溜运输巷道、刮板输送机和带式输送机的转载点、煤仓和溜煤眼的上下口及井口的卸载点。

二、煤尘爆炸条件及防治措施

煤尘爆炸必须同时具备四个条件：煤尘本身的爆炸性；煤尘必须悬浮于空气中，并达到一定的浓度；存在能引燃煤尘爆炸的高温热源；存在一定浓度的氧气。

井巷中沉积煤尘重新飞扬起来，很容易使巷道空间的浮游煤尘浓度达到爆炸界限而发生或扩展爆炸，常常造成区域性或全矿性特大恶性事故。因此，经常处理井巷沉积煤尘是预防矿井重大灾害的极为重要的工作。常用以下几种方法处理：

1. 清扫法

清扫法是指把沉积在巷道帮顶、支架和设备表面上的煤尘清扫干净，将扫落的煤尘集中起来清运。

2. 冲洗法

冲洗法是指用水把巷道帮顶和支架上的煤尘清除出去。这种方法能够将沉积煤尘清除得比较干净，而且简单易行，因此在煤矿中长期得到普遍应用。冲洗工作每隔一定时间进行一次，间隔时间的长短根据煤尘沉积的快慢来决定。采掘工作面附近的回采或准备巷道及煤尘集中飞扬地点的下风侧要经常反复冲洗，才能保持无煤尘堆积的良好工作环境。

3. 撒布岩粉法

撒布岩粉法是指定期在井巷周壁和支架上撒布岩粉，增加沉积煤尘中的不燃性物质，防止煤尘参与爆炸。这是一种行之有效的防止煤尘爆炸的措施，在世界各国得到广泛应用。

4. 黏结法

黏结法是指把含有表面活性物质的湿润剂和吸水盐类的水溶液喷洒在井巷周壁和支架的表面上，粘住沉积的煤尘和后来陆续沉积的煤尘，使之不会飞扬成为浮游煤尘。水溶液中的吸水盐类能吸收空气中的水分，使喷洒后的帮顶保持潮湿，不断黏附煤尘，而湿润剂能使煤尘更容易黏附牢固。

三、综掘工作面粉尘综合治理

综掘工作面工序复杂，产尘点的位置多变，各工序均能生成粉尘，通风和作业条件相对较差，因此必须针对不同尘源分别采取多种措施，实行综合防尘，才能使作业全过程达到国家规定的粉尘允许浓度。

1. 综掘工作面的综合除尘措施

（1）合理确定截割参数，截割头内外喷雾。

（2）长压短抽通风。

（3）附壁风筒向迎头供风，如图 5—6 所示。

（4）综掘工作面喷水降尘。

（5）从集尘器将粉尘抽出进行湿式或干式滤袋除尘。

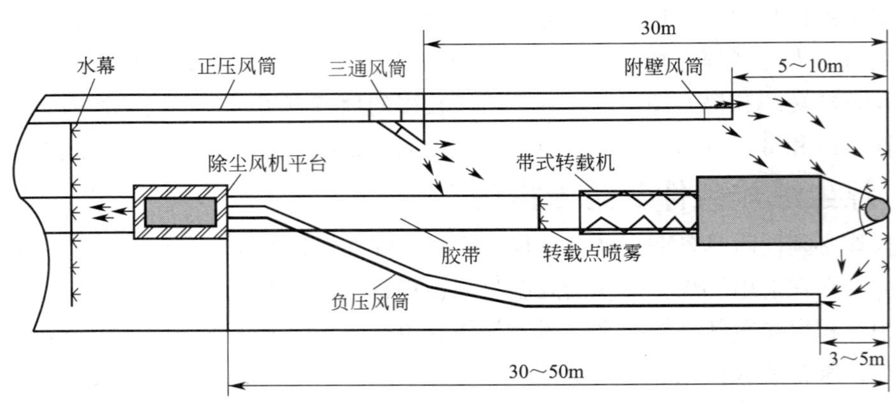

图 5—6 综掘工作面附壁风筒通风除尘系统

2. 综掘工作面防尘措施

综掘工作面在没有防尘措施的情况下，粉尘质量浓度一般为 2 000～3 000 mg/m³，个别可达到 6 000 mg/m³，因此必须采取一整套有效的综合防尘措施，才能达到规定的允许粉尘浓度。主要防尘措施有以下几项：

（1）掘进机的内外喷雾

内喷雾是将压力水通过掘进机内部供水通道送到截割头上的若干喷嘴上，随截割头的旋转而随刀具喷雾。外喷雾是在掘进机截割臂上安装环形外喷雾架，架上设若干喷嘴，使压力水通过环形外喷雾系统形成包络截割头的水幕，阻止粉尘扩散并使之沉降，降尘率一般可达 50%～70%。

（2）配备除尘器或除尘风机

在紧靠工作面的掘进机司机座位前方设置扁而宽的吸尘罩，将掘进机截割头切削生成的高浓度含尘空气吸入罩内，由导风筒引至巷道后方的除尘器净化，净化后的空气排入巷道内。

（3）设置附壁风筒

将附壁风筒串接在压入式风筒的出风口，当除尘器工作时，关闭附壁风筒端头的排风口，风流即从其狭缝状的喷口横向高速喷出，将原有压入式的轴向风改为沿巷壁的旋转风，并在整个巷道断面内以一定速度向工作面推进，在掘进机司机前方形成阻止粉尘由工作面向外扩散的空气屏幕，净化了巷道内空气，提高了除尘器除尘的效率，如图 5—7 所示。

3. 锚喷支护作业防尘措施

（1）沙石预先用水浇透，按比例与水泥混合，拌成潮料后送入喷射机，可大幅度降低拌料、注料和喷射时的产尘量，且不易在输送料管内粘壁。

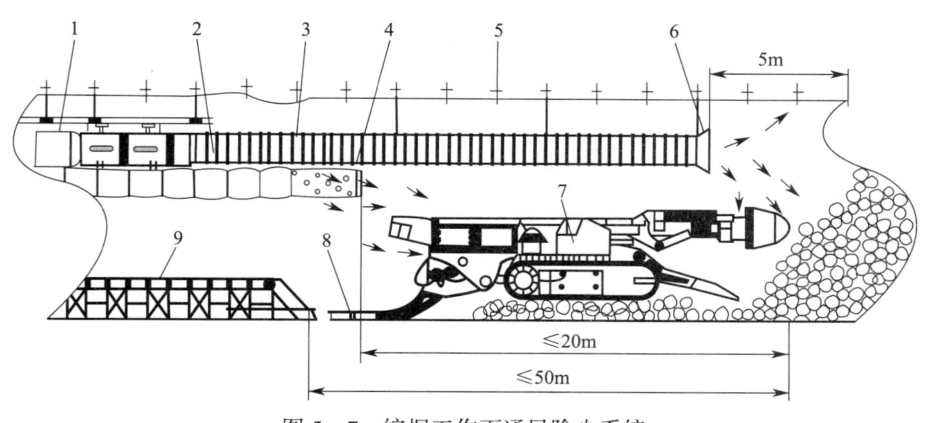

图 5—7　综掘工作面通风除尘系统

1—除尘器　2—正压风筒　3—负压风筒　4—控尘风筒　5—锚杆　6—吸尘口
7—掘进机　8—溜子　9—胶带

（2）双水环加水，两水环间距 150～200 mm，共用一个水阀，其出水射流方向相反，使物料和水换向反复搅匀，减少干粉喷出。还可在喷枪水循环后面 6～8 m 处增加一个预湿水环，进一步提高湿润均匀程度。

（3）在输料管的中间部位加接 0.8 m 左右的异径葫芦状铁管，并使两个加水的水环位于它的两端，物料和水通过葫芦状铁管会产生涡流，起到搅拌作用，进一步减少干粉。

（4）在使用潮料条件下，输料距离为 30～40 m，采用低风压近距离喷射可降低粉尘和回弹。风压不超过 0.2 MPa，喷枪嘴距巷帮 300～450 mm、距巷顶 450～600 mm 为好。

（5）将喷射机上料口、排气口等处严重外泄的粉尘吸入除尘器，由除尘器内的喷雾装置和滤网将粉尘捕集，净化后的空气再返回巷道内。也可将除尘器的吸尘罩置于喷枪附近，吸去喷射时的含尘空气予以净化。

（6）选用新型湿喷机，将事先搅拌好的混凝土用湿喷机通过输料管和喷枪进行喷射，从根本上解决干式喷射机的粉尘危害。

（7）在喷射作业地点的回风中设置喷雾水幕，以过滤含尘空气，为保证喷射地点的风量，风筒口离作业点最好在 10 m 左右，有效、及时地带走粉尘。喷射前冲洗帮顶，洗去落尘。

第四节　综掘工作面火灾防治

凡是发生在矿井、井下或地面，威胁到井下安全生产，造成损失的非控制燃烧均称为矿井火灾。例如，地面井口房、通风机房失火或井下胶带着火、煤炭自燃等都是非控制燃烧，均属矿井火灾。井下发生火灾，不仅会造成煤炭资源的损失、工程和设备的破坏，导致生产中断，而且更严重的是会直接威胁到矿工的生命安全。

一、矿井火灾概述

1. 矿井火灾概念和分类

矿井火灾又叫矿内火灾或井下火灾，是指发生在煤矿井下巷道、工作面、硐室、采空区等地点的火灾。能够波及和威胁井下安全的地面火灾也叫矿井火灾。矿井火灾常导致人员伤亡、设备损失、矿井停产、资源破坏，甚至引起瓦斯、煤尘或硫化矿尘爆炸。矿井火灾的发生必须具有可燃物、引火源和燃烧所需的空气三个条件。

矿井火灾按起火热源不同可分为内因火灾和外因火灾两类。内因火灾即煤的自燃引起的火灾。外因火灾则是由外来热源引起的火灾。

2. 矿井火灾危害

矿井火灾除了具有一般地面火灾的危害以外，还有以下特点：

(1) 井下发生火灾时，因为矿井空间的限制，井下人员难以躲避，设备难以搬移，煤炭固定不动，因此造成的人员伤亡和国家财产、资源损失比一般地面火灾更为严重。

(2) 矿井火灾由于封闭火区，将会影响煤炭的可采储量，严重影响正常的生产秩序。恢复生产时，启封火区非常困难，而且危险性很大。

(3) 矿井发生火灾时，会在井下巷道中生成大量的一氧化碳等有毒有害气体，而且难以冲淡和排除，导致大量井下人员中毒、窒息甚至死亡。

(4) 矿井火灾会烧毁矿井通风设施，使矿井通风系统紊乱，造成瓦斯积聚超限，火灾还会烧毁电气设备和电缆，造成提升、排水中断，通风停止，影响矿井安全生产和人员生命安全。

(5) 井下火源隐蔽性很强，所以不能及时发现，即使发现了，灭火也非常困难。有的井下火灾可能延续几个月甚至几年。

(6) 矿井火灾还可能成为引发瓦斯和煤尘爆炸的火源。用水灭火时，还可能引起水煤气爆炸。这些情况使矿井灾害危险性更大，损失更加惨重。

(7) 矿井火灾还可能产生局部火风压，造成局部风流逆转，使火焰、高温烟雾出现在原火灾前的一些侧旁风流或新鲜风流中，导致灾情扩大，给灭火救灾和现场作业人员自救、互救带来很大的困难。

二、综掘工作面火灾预防与处理方法

1. 确定火灾事故的依据

凡因矿井火灾而导致以下情形之一的，即确定为火灾事故：

(1) 造成人员伤亡。

(2) 造成以下直接损失：工作面停止生产 8 h 以上，烧毁煤炭、设备或材料折合人民币 1 万元及以上。

(3) 造成以下间接损失：封闭 1 个工作面，冻结煤量 1 万吨以上，封闭设备、设施和材料折合人民币 1 万元及以上。

2. 矿井火灾预防措施

矿井火灾的预防主要从两方面入手：一是防止失控的高温热源；二是尽量采用不燃或耐燃材料和制品，同时防止可燃物的大量积存。

3. 井下发生火灾时的应急措施

(1) 最先发现火灾的人员应保持镇定，迅速弄清火情，立即采取有效措施直接灭火，并及时报告调度室，通知矿山救护队前来灭火。

（2）现场区（队）长要立即按矿井灾害预防与处理计划的规定，将所有受火灾威胁的地区、火灾下风流烟雾区、发生风流逆转后的烟雾区，以及可能发生爆炸等地区的人员撤离危险区域。

（3）有关部门接到火警报告后，要先弄清火情，再根据具体情况采取下列措施：组织力量抢救受灾人员，撤离可能受到威胁地区的人员；迅速采取控制火情发展的措施；侦察火区，确定火源，组织人员灭火。

第五节　综掘工作面水害防治

一、煤矿水害的概念和类型

1. 煤矿水害的概念

凡影响生产、威胁采掘工作面或矿井安全、使矿井局部或全部被淹没的水灾，都称为煤矿水害。据统计，我国煤矿一次死亡3人以上的重大事故中，水害居第三位；平均每次水害事故死亡7.06人，仅次于瓦斯和火灾事故。

2. 煤矿水害的类型

（1）地表水水害

地表水水害的水源为大气降水和地表水体（江、河、湖、水库、沟渠、坑塘等）。水源通过井口、采动冒落带、岩溶地面塌陷或溶洞、断层带及煤层顶底板封闭不良的旧钻孔进入矿井。

（2）老空水水害

老空水是古井、水窑、废巷及采空区的积水。当采掘工作面接近或沟通时，老空水会进入巷道或工作面，造成水害事故。

（3）裂隙水水害

裂隙水水害的水源为砂岩、砾岩等裂隙含水层的水，常受地表水或其他含水层补给，通过冒落带、断裂带、采掘巷道揭露顶板或底板砂岩水，或者封孔不良的老钻孔进入巷道或工作面。

二、综掘工作面透水事故预防

1. 综掘工作面发生透水前的预兆

（1）挂汗

积水区的水在自身压力作用下，通过煤（岩）裂隙而在采掘工作面的煤（岩）壁上聚结成许多水珠的现象，称为挂汗。井下空气中的水分遇到低温的煤体，有时也可能聚结成许多水珠。区别真假挂汗的方法是，仔细观察新暴露的煤壁面上是否潮湿，若潮湿则为挂汗，是透水的预兆。

（2）挂红

矿井水中含有铁的氧化物，在它通过煤（岩）裂隙渗透到采掘工作面的煤（岩）体表面时，会呈现暗红色水锈，这种现象叫挂红。挂红是一种出水信号。

（3）水叫

含水层或积水区内的高压水向煤壁裂隙挤压时与两壁摩擦，会发出“嘶嘶”的声音，称为水叫。这就说明采掘工作面距积水区或其他水源已经很近了，若是煤巷掘进，则透水即将发生，这时必须立即发出警报，撤出所有受水害威胁的人员。

（4）空气变冷

采掘工作面接近积水区域时，空气温度会下降，煤壁发凉，人一进入工作面就有凉爽、阴冷的感觉。但应注意，受地热影响较大的矿井地下水的温度偏高，当采掘工作面接近积水区时，气温反而升高。

（5）出现雾气

当采掘工作面气温较高时，从煤壁渗出的积水就会被蒸发而形成雾气。

（6）裂隙出现渗水

如果出水清净，则离积水区较远；若浑浊，则离积水区已近。

（7）其他预兆

综掘工作面发生透水事故的其他预兆有顶板淋水加大、顶板来压、底板鼓起、水色发浑、有臭味、采掘工作面有害气体增加，以及积水区向外散发出瓦斯、二氧化碳和硫化氢等有害气体。

2. 综掘工作面水害防治措施

综掘工作面水害的预防措施可以概括为“防、排、探、放、疏、截、堵”7个字。“防”即矿井上下防水设施及防水措施；“排”即井下排水设施和排水能力；“探”即井巷探水；“放”即对老空区积水、可疑水源采取放水，或超前放出顶板水；“疏”即疏水降压或疏干有害含水层；“截”即留设各种防水煤柱，隔阻有害水源；“堵”即注浆堵住水口，或加固裂隙带，改造含水层，加固底板。

3. 发生透水事故时的处理措施

（1）在综掘工作面或其他地点发现有透水预兆时，必须发出警报，撤出所有受水害威胁的人员。

（2）最先发现透水的人员应立即报告矿调度室，并迅速组织抢救。打木垛或用密集柱堵住出水点，防止事故继续扩大。水势猛，来不及进行加固时，人员应迅速向高处撤退，安全出井。

4. 透水后现场人员撤退时的注意事项

（1）透水后，应在可能的情况下迅速观察和判断透水地点、水源、涌水量、发生原因、程度等情况，根据灾害预防和处理计划中规定的撤退路线迅速撤退到透水地点以上，不能进入透水点附近及下方的独头巷道。

（2）行进时应靠近巷道一侧，抓牢支架或固定物，尽量避开压力水头和泄水流，并注意防止被水中流动的矸石和木料撞伤。

（3）如透水破坏了巷道中的照明设施和路标，遇险人员迷失行进方向时，应朝有风流通过的上山巷道方向撤退。

（4）现场人员在撤退沿途和所经过的巷道交叉口应留设指示行进方向的明显标志，以提醒救护人员注意。

（5）如果唯一的出口被水封堵无法撤退时，应有组织地在独头工作面躲避，等待救护人员营救。严禁盲目潜水逃生等冒险行为。

5. 透水后被围困时的避灾自救措施

（1）当现场人员被涌水围困无法退出时，应迅速进入预先筑好的避难硐室避灾，或选择合适地点快速建筑临时避难硐室避灾。迫不得已时，可爬上巷道中的高冒空间待救。如果是老窑透水，则必须在避难硐室处建临时挡墙或吊挂风帘，防止被涌出的有毒有害气体伤害。进入避难硐室前，应在硐室外留设明显的标志。

（2）在避灾期间，遇险人员要有良好的精神状态，情绪安定、自信乐观、意志坚强，要做好长时间避灾的准备，除轮流值班观察水情的人员外，其余人员均应静卧，以减少体力和空气消耗。

（3）遇险人员避灾时，应用敲击的方法有规律、不间断地发出呼救信号，向营救人员指示躲避处的位置。

（4）被困期间断绝食物后，即使在饥饿难忍的情况下，遇险人员也应努力克制自己，不嚼食杂物充饥。需要饮用井下水时，应选择适宜的水源，并用纱布或衣服过滤。

（5）长时间被困在井下，发觉救护人员到来营救时，避灾人员不可过度兴奋和慌乱，以防发生意外。

6.《煤矿安全规程》的规定

（1）煤矿应当编制本单位防治水中长期规划（5~10年）和年度计划，并组织实施。

（2）矿井应当对主要含水层进行长期水位、水质动态观测，设置矿井和各出水点涌水量观测点，建立涌水量观测成果等防治水基础台账，并开展水位动态预测分析工作。

（3）煤矿防治水工作应当坚持“预测预报、有疑必探、先探后掘、先治后采”基本原则，采取“防、堵、疏、排、截”综合防治措施。

（4）煤矿每年雨季前必须对防治水工作进行全面检查。受雨季降水威胁的矿井，应当制定雨季防治水措施，建立雨季巡视制度并组织抢险队伍，储备足够的防洪抢险物资。当暴雨威胁矿井安全时，必须立即停产撤出井下全部人员，只有在确认暴雨洪水隐患消除后方可恢复生产。

（5）煤矿应当查清井田及周边地面水系和有关水利工程的汇水、疏水、渗漏情况；了解当地水库、水电站大坝、江河大堤、河道、河道中障碍物等情况；掌握当地历年降水量和最高洪水位资料，建立疏水、防水和排水系统。

第六节　综掘工作面冲击地压防治

冲击地压又称岩爆，是指井巷或工作面周围岩体由于弹性变形能的瞬时释放而产生剧烈破坏的现象。冲击地压常伴有煤岩体抛出、巨响及气浪等现象，具有很大的破坏性。因此，必须对冲击地压进行防治。

一、冲击地压特征与分类

1. 冲击地压显现特征

(1) 突发性

冲击地压发生前一般无明显前兆，冲击过程短暂，持续时间为几秒到几十秒。

(2) 冲击性

冲击地压中最常见的是煤层冲击，也有顶板冲击和底板冲击，少数矿井还会发生岩爆。在煤层冲击中，多数表现为煤块抛出，少数为数十平方米煤体整体移动，并伴有巨大声响、岩体震动和冲击波。

(3) 破坏性

冲击地压往往造成煤壁片帮、顶板下沉、底鼓、支架折损、巷道堵塞，甚至导致人员伤亡。

(4) 复杂性

在自然地质条件下，除褐煤以外的各煤种，采深从200~1 000 m，地质构造从简单到复杂，煤层厚度从薄煤层到特厚煤层，倾角从水平到急斜，顶板包括砂岩、灰岩、油母页岩等，均会发生冲击地压。在采煤方法和采煤工艺等技术条件方面，不论水采、炮采、普采或是综采，采空区处理采用全部垮落法或是水力充填法，是长壁、短壁、房柱式开采或是柱式开采，都会发生冲击地压。只是无煤柱长壁开采法发生冲击地压次数较少。

2. 冲击地压的分类

冲击地压可根据应力状态、显现强度，以及发生的不同地点和位置进行分类。

(1) 根据原岩（煤）体的应力状态分类

1) 重力应力型冲击地压。主要受重力作用，没有或只有极小构造应力影响的条件下引起的冲击地压。

2) 构造应力型冲击地压。主要受构造应力（构造应力远远超过岩层自重应力）的作用引起的冲击地压。

3) 中间型或重力—构造型冲击地压。主要受重力和构造应力的共同作用引起的冲击地压。

(2) 根据冲击的显现强度分类

1) 弹射。一些单个碎块从处于高应力状态下的煤或岩体上射落，并伴有强烈声响，属于微冲击现象。

2) 矿震。它是煤、岩内部的冲击地压，即深部的煤或岩体发生破坏，煤、岩并不向已采空间抛出，只有片带或塌落现象，但煤或岩体产生明显振动，伴有巨大声响，有时产生煤尘。较弱的矿震称为微震，也称为煤炮。

3) 弱冲击。煤或岩石向已采空间抛出，但破坏性不是很大，对支架、机器和设备基本上没有破坏；围岩产生震动，一般震级在2.2级以下，伴有很大声响；产生煤尘，在瓦斯煤层中可能有大量瓦斯涌出。

4）强冲击。部分煤或岩石急剧破碎，大量向已采空间抛出，出现支架折损、设备移动和围岩震动，震级在2.3级以上，伴有巨大声响，形成大量煤尘且产生冲击波。

（3）根据震级强度和抛出的煤量分类

1）轻微冲击。抛出煤量为10 t以下，震级为1级以下的冲击地压。

2）中等冲击。抛出煤量为10~50 t，震级为1~2级的冲击地压。

3）强烈冲击。抛出煤量为50 t以上，震级为2级以上的冲击地压。

一般震级为1级时，矿区附近部分居民有震感；2级时，矿井上下有不同程度的破坏；大于2级时，地面建筑物将出现明显裂缝破坏。

（4）根据发生的地点和位置分类

1）煤体冲击。煤体冲击发生在煤体内，根据冲击深度和强度不同又分为表面冲击、浅部冲击和深部冲击。

2）围岩冲击。围岩冲击发生在顶、底板岩层内，根据位置不同可分为顶板冲击和底板冲击。

二、综掘工作面冲击地压防治方法

1. 超前卸压钻孔法

在冲击地压严重的煤巷工作面，实施超前卸压钻孔，采取“两掘一钻”方式作业，即在每一天的一循环中利用一个小班时间打7~10个超前卸压钻孔，上、下两排布置，每天打一排孔，孔深为10 m，掩护掘进施工，使综掘工作面在卸压圈内进行，可杜绝煤巷工作面前方冲击地压的发生。

2. 改革巷道支护方法

巷道支护采用U形钢可缩支架、圆形支架、锚网支护、锚网和U形支架联合支护，并在冲击地压较严重的巷道采用全长锚固支护形式。

3. 强化现场安全防护

为了减少冲击地压造成的损失，采取合理安排劳动组织、分散作业人员、限制作业人数及作业时间、及时清理作业现场闲置设备、必备的设备设施进行捆绑固定、缩小U形棚支护棚距、每架U形棚打六个卡子、延长掘进工作面躲炮时间（不低于30 min）等一系列措施。

思考练习题

1. 简述矿井大气成分及矿井气候条件。
2. 综掘工作面有哪些通风方式？
3. 井下产生高温、高湿的原因是什么？
4. 井下高温、高湿的危害是什么？
5. 综掘工作面的通风安全管理有哪些内容？
6. 矿井瓦斯爆炸需要哪些条件？

第六章

综掘工作面生产管理

学习目标

1. 了解综掘工作面生产管理的内容和综掘工作面作业规程。
2. 掌握综掘工作面安全生产有关规定和技术管理的知识。
3. 能编制综掘工作面安全生产措施、工程质量计划和区队单项制度。

综掘工作面生产管理主要包括技术管理、生产过程组织管理、安全与工程质量管理和设备使用管理。为了安全、顺利完成掘进生产任务，突出以安全、工程质量标准化、文明卫生为工作重点，确保安全生产无事故，必须对综掘工作面实行生产管理。

第一节　综掘工作面技术管理

综掘工作面技术管理主要包括综掘工作面作业规程编制和贯彻执行。综掘工作面技术管理工作是通过执行综掘工作面作业规程和各工种技术操作规范体现的。

一、综掘工作面作业规程编制

综掘工作面作业规程是现场工程技术管理人员根据综掘工作面的具体地质条件、机械电气设备配备和劳动力条件编制的技术性文件，是综掘工作面生产技术管理的依据。制定切实可行的综掘工作面作业规程是综掘工作面技术管理的关键，是综掘工作面安全、正常的前提和保证。

1. 综掘工作面作业规程主要内容

（1）综掘工作面基本概况

简述综掘工作面在矿井中所处的位置和编号、应掘长度、四周开采状况、地面水体和含水层对综掘工作面的影响等。

(2) 综掘工作面的地质状况

根据地质勘查部门提供的煤层地质勘查资料，结合已开采和掌握的煤层地质情况，简要描述综掘工作面的地质条件。

1) 煤层性质。煤层的产状要素和赋存特征，煤体的普氏系数，煤体实体密度、松散体视密度，煤的内在灰分、挥发分、发热量、硫、磷含量，以及煤的工业分类等。

2) 围岩性质。综掘工作面顶、底板的岩石性质、厚度、基本特征、类级划分。

3) 地质构造特征。开采范围内对开采影响较大的断层位置及产状要素、主要的褶皱构造、火成岩侵入体的位置特征及对开采的影响程度。

4) 瓦斯、煤尘及煤炭自然发火状况。综掘工作面煤层瓦斯的压力、涌出量，煤尘爆炸危险性，煤的自然发火倾向性、自然发火期等。

5) 水文地质状况。开采期间综掘工作面的正常涌水量和最大涌水量。

(3) 综掘工作面支护说明书

巷道支护断面、支护方式、支护要求、支护材料及参数选择依据。

(4) 综掘说明书

1) 掘进机性能及主要参数。

2) 掘进机操作顺序、截割方法及注意事项。

3) 液压油使用要求和电气设备使用注意事项。

4) 掘进机的维护、保养与检修。

5) 断面截割顺序。

6) 综掘工作面掘进系统中安全监测仪器设置的位置与要求，仪器的性能与整定值要求。

(5) 综掘工作面的循环图表

根据综掘工作面的循环方式和作业形式编制工作面的劳动组织表和技术经济指标表，绘制综掘工作面的布置图与循环作业图。

(6) 安全管理制度

综掘工作面的安全管理制度主要包括以下几个方面：

1) 综掘工作面的交接班管理制度。

2) 运输机司机、掘进机司机、支护工、机电检修工、锚杆操作工、架棚工、材料运输工等工种的安全操作管理制度。

3) 综掘工作面工程质量管理制度。

4) 巷道超前支护与巷道维护管理制度。

5) 机械、电气设备安全管理制度。

6) 综掘工作面文明生产管理制度。

(7) 安全技术措施

综掘工作面安全技术措施主要包括以下几个方面：

1) 开窝准备安全技术措施。

2) 通防安全技术管理措施，包括局部通风管理、防尘、防灭火等安全技术管理措施。

3) 顶板管理安全技术措施。

4）综掘工作面遇断层、破碎顶板时的截割技术与安全技术管理措施。

5）机电管理措施。

6）运输管理措施，包括刮板输送机、带式输送机的安全技术管理措施。

（8）灾害事故防治措施

针对综掘工作面可能出现或遇到的重大灾害事故制定具体的预防对策，确定工作人员在遇到各种灾害事故时的安全避灾路线图，确定常见工伤事故的基本处置方法和伤员运送方法与要求。

2. 编制作业规程注意事项

（1）编制的作业规程必须符合综掘工作面的基本条件，切实可行。严禁套用、沿用其他工作面的作业规程。

（2）作业规程要文字简明易懂，图表清晰准确，计算规范无误，措施完善可行。

（3）作业规程编制要严格执行《煤矿安全规程》的有关规定和设计规范的有关要求。

（4）作业规程编制应选择合理的作业形式和劳动组织方式，各项指标要具有一定的先进性，使综掘工作面的生产技术管理达到先进水平。

3. 作业规程编制方法

（1）收集、整理资料，编制作业规程初稿

综掘区队工程技术人员根据地质部门提供的综掘工作面地质说明书，深入现场调查、熟悉综掘工作面的基本情况，收集条件相似工作面的生产技术管理资料，了解机电技术部门可提供的机械设备供应情况，掌握综掘工作面生产技术、安全管理、掘进进尺、效率等方面的基本要求，征求有关技术人员和技术工人对生产管理和安全管理的意见，按作业规程编制规范要求编制综掘工作面作业规程的初稿。

（2）集体研讨定稿

由综掘区队主管负责人召集本单位生产管理人员和技术工人代表对编制的作业规程初稿进行研讨，提出修改意见。工程技术人员根据研讨意见进一步修改完善后，上报矿主管领导审批，并报上一级主管部门备案。

（3）作业规程各部分的内容

作业规程各部分内容依次为概况、地质说明书、支护说明书、掘进机截割工艺、劳动组织和主要技术经济指标、主要生产系统、避灾路线和主要安全技术措施。

二、综掘工作面作业规程的贯彻执行

经矿总工程师签批的作业规程必须在综掘工作面投产前的10～15天由主管综掘（区）队长和技术员组织全体职工学习，确保全体职工熟悉工作面生产的基本条件，了解综掘工作面操作和管理的基本要求，掌握各种灾害事故发生规律、危害性质及防治的基本措施，确保综掘工作面高产高效、安全生产。学习之后要组织考试，未参加作业规程学习者和考核不合格者不准上岗作业。

贯彻落实作业规程的方法是用四至五天的时间，由技术人员带领全体职工逐章逐条学习作业规程，每学一章就分组讨论，通过分组讨论和撰写学习体会，加深全体职工对作业规程的理解和掌握。作业规程学完后，要通过应知应会考核，成绩合格后，持证上岗作业。

三、综掘工作面技术操作规程

技术操作规程、《煤矿安全规程》和采煤工作面作业规程是煤矿的三大规程。技术操作规程是行业主管部门负责制定的工人进行生产活动时的操作规范和行为准则，是实现技术标准化、操作规范化，搞好技术培训和技术练兵，保障安全生产和工程质量，提高生产效率，杜绝违章作业，避免人身事故与设备和财产损失的规范性条例。煤矿企业各工种的生产活动必须严格执行技术操作规程的各项规定。各工种技术操作规程由四部分内容组成。

1. 一般规定

这部分内容说明该工种上岗作业必须具备的基本条件，该工种操作应达到的质量标准，与其他工种的相互配合关系，以及对操作环境的基本要求。

2. 操作前准备与检查

这部分内容包括操作工具、配件、材料准备的基本要求，对操作设备进行检查的程序与要求，以及发现问题的处理原则和方法。

3. 操作及注意事项

这部分内容说明该工种操作程序、工作方法与要求，操作时的安全注意事项，以及遇到意外事故时的基本处理方法。

4. 收尾工作

这部分内容说明该工种工作结束时需要达到的基本要求，设备应保持的基本状态，交接班的要求及注意事项。

第二节 综掘工作面生产过程组织管理

为使综掘工作面各道工序在空间和时间上相互协调，人力、物力和机械设备得到合理的利用，保证综掘工作面获得最佳的技术经济效果，必须对综掘工作面生产过程进行科学、合理的组织。

一、综掘工作面循环作业编排方法

综掘工作面要想获得最佳的技术经济效果，就必须进行正规循环作业，而要进行正规循环作业，就必须编制循环作业图表，在编制之前，必须先选择好综掘工作面循环作业方式。

1. 一次成巷及其作业方式

巷道施工方法基本上有两种：一种是一次成巷施工法，另一种是分次成巷施工法。分次成巷施工法的实质是先以小断面掘进，架设临时支架，过一定时间后再刷大到所设计的断面，并进行永久支护。多年的实践经验证明，这种方法坑木消耗量大，初次只掘不支（永久支护）围岩暴露时间长，受风化和其他外力的作用易引起冒顶、片帮，造成施工困难多、速度慢。所以，除工程上的特殊需要外，一般尽量不采用这种施工方法，只要条件允许，都应考虑采用一次成巷的施工方法。

一次成巷就是一次把巷道做成。具体做法是将巷道施工中的掘进、永久支护和掘砌水沟三项分部工程视为一个整体（有条件的还应铺设永久轨道、安装永久管线等），在一定距离内前后连贯、最大限度地同时施工，一次做成巷道，不留收尾工程。由于一次成巷施工法能在掘进后及时对围岩进行永久支护，因此，不但作业安全、有利于保证支护质量、加快成巷速度，而且材料消耗、工程成本也显著降低。

这种作业方式的难易程度主要取决于永久支护的类型。如果永久支护采用木支架或预制钢筋混凝土支架，则工艺过程就很简单，永久支护随着掘进而架设即可，最多在爆破以后进行一些修复工作就可以了。如果永久支护采用料石或混凝土砌碹，那么掘进与砌碹之间必须保持一定的距离（一般为 20~40 m），这样才不会造成两工序互相干扰，另外也可防止爆破时崩坏碹拱。在此段距离内，一般多采用金属拱形临时支架作为控制顶板的临时措施。这样前面掘进，后面砌碹，同时有几个工种和几道工序进行施工，工艺过程比较复杂。因此，在有限的空间内，必须严密地组织安排好各工种及各工序，做到有机配合。

这种作业方式一般适用于围岩比较稳定且掘进断面面积大于 80 m^2 的巷道，以免掘、砌工作相互干扰，影响成巷速度。

采用锚喷支护新技术为一次成巷施工开辟了更广阔的前景。永久支护若采用喷射混凝土时，喷射工作可紧跟工作面进行，先喷一层 30~50 mm 厚的混凝土作为临时支护控制围岩，随着掘进的进行，在距工作面 20~40 m 处再进行二次补喷，使其达到设计厚度（50~200）mm。永久支护采用锚喷联合支护时，锚杆可紧跟工作面迎头安设，喷射混凝土工作可在工作面后一定的距离内进行。如遇顶板围岩不太稳定，亦可在爆破后立即喷射一层 30~50 mm 厚的混凝土封顶，然后再打锚杆，最后喷射混凝土至设计厚度。

2. 掘进与永久支护顺序作业

这种作业方式就是先将巷道掘进一段距离，然后停止掘进，一边拆除临时支架，一边进行永久支护工作。当围岩稳定时，一般掘、支间距为 10~20 m。若永久支护采用锚喷支护，也要根据围岩的稳定情况来决定掘进和锚喷的距离。通常情况下有两种方式，即“两掘一锚”或“三掘一锚”（即掘进 2~3 个班，然后用一个班进行锚喷），一般空顶距以不超过 5 m 为宜。这种作业方式的特点是掘、支轮流进行，由一个工作队来完成，要求工人一专多能，既会掘又会砌或锚喷。这种作业方式组织工作比较简单，但成巷速度慢，故适用于掘进断面面积小于 80 m^2、巷道围岩不太稳定的情况。

若巷道穿过松软岩层或断层破碎带，用平行作业和顺序作业施工都有困难时，即可采用短段掘砌和边掘边锚喷的办法来施工。掘、支间距为 2~4 m，一般不用临时支架，但对不太稳定的地方可适当地打些点柱，或者以刹杆和前探梁来控制顶板。这样既能保证工作安全，同时也节约了坑木，并能提高成巷速度。

3. 掘进与永久支护交替作业

在距离接近而又平行的两条巷道内掘进时，可以由一个综掘队负责施工。对每条巷道来讲，掘进与永久支护是顺序进行的，但相邻两条巷道中的掘、支（或锚喷）工作则是交替进行的。它集中了顺序作业和平行作业的特点，对每个工作面来讲是顺序作业法施工；对各个工作面（或整个工作队）而言，各主要工序则又是平行作业法施工，这样可以避免掘进和永久支护工作的相互影响。

4. 一次成巷的主要优点

（1）成巷速度快

全断面一次掘进可以大大简化施工工序，同时施工空间较大，为施工机械化创造了条件。如果采用掘、支平行作业，还可以在巷道的各个区段内安排多工种、多工序的平行交叉作业，充分利用巷道空间，加快施工速度。此外，采用一次成巷施工还可减少收尾工程，缩短施工工期。

（2）节约材料，降低工程成本

一次成巷施工要求架设临时支架的距离短（指永久支护为砌碹），这就有可能用金属支架来代替木支架，以节约大量木材。同时，金属支架除可多次反复使用外，还有可能实现标准化，架设效率也能提高。总之，由于成巷速度和效率提高，材料消耗降低，必将导致巷道施工成本降低。永久支护若采用锚喷支护，其效果就更为显著。

（3）施工作业安全，并有利于提高工程质量

随着全断面一次掘进立即架设临时支架，随后不久即进行永久支护，围岩暴露的时间短，可以减少围岩的风化、变形和破碎，故施工作业比较安全，施工质量容易得到保证。如果采用锚喷支护，由于施工及时，空顶距更短，安全作业便更有保证。

在一次成巷施工中，掘进和支护是两项主要工序，它们之间的关系主要与所穿过的岩层性质有关。当穿过的岩层是坚固、稳定、整体性强的砂岩、石灰岩时，掘进工作量大，支护工作相对比较简单，在这种情况下，就要注意加强掘进工作；若穿过的岩层松软、破碎、压力大，这时掘进工作较易，而支护工作比较困难，就要突出地加强支护工作，以确保成巷速度和掘、砌之间的合理间距。

5. 综掘工作面循环作业编制方法

根据一次成巷及其作业方式、掘进与永久支护顺序作业特点、掘进与永久支护交替作业特点和一次成巷的主要优点等，在选择综掘工作面施工作业方式时，必须加强调查研究工作，详细了解有关施工的各方面情况，如巷道断面形状和大小，采用的支架材料与结构，巷道煤层和顶板岩层的地质及水文地质情况（如岩石的坚固性、整体性，是否易于风化、变形、剥落），煤（岩）层中含水或瓦斯的情况，对巷道施工速度的要求及技术装备情况，以及器材供应情况和工人技术水平等。

对上述各方面情况进行综合分析和比较，才能选择出合理的施工作业方式。掘进作业形式一般选择“三八制”或“四六制”为宜。

二、综掘工作面循环作业图编排方法

综掘工作面正规循环作业是巷道掘进施工中的科学组织形式，是快速施工的基础。正规循环作业就是在规定的时间内，以一定的劳动力和施工设备，按照作业规程、爆破图表和循环图表的规定，完成全部工序及工作量，并保证周而复始地进行工作。实践经验证明，实现

正规循环作业是全面、有计划、均衡地完成施工任务的有力保证，是提高掘进效率的一项重要措施，也是改进企业管理、降低成本的重要环节。为了确保正规循环的实现，必须选择好循环方式与循环进度，制定出切实可行的循环图表。

1. 综掘工作面循环作业图表概述

（1）综掘工作面正规循环作业与循环作业图表

根据综掘工作面的生产过程配备一定的工种和定员，在规定的时间内按照既定的掘进工艺顺序保质保量地完成既定任务，并保证周而复始地、不间断地进行掘进的作业方法称为综掘工作面正规循环作业。

表示综掘工作面内各工序进行的时间和空间位置关系的图表称为综掘工作面循环作业图表。

（2）综掘工作面正规循环作业的意义

实践证明，实行正规循环作业是综掘工作面合理的生产组织形式，是提高单位时间内的循环进度和效率，进行现代生产管理的一个重要措施。

（3）综掘工作面循环作业图举例

图 6—1 所示是某矿综掘二队使用过的综掘工作面循环作业图表。掘进作业方式为“四六制”，即三班生产，一班检修准备，每班工作 6 h。生产班主要以截割、支护、备料工作为主，检修准备班以设备检查维护、修理、铺轨、设备移动等为主。每生产班割六刀，每刀进度 0.6~0.8 m，年折算进尺超过 10 000 m。

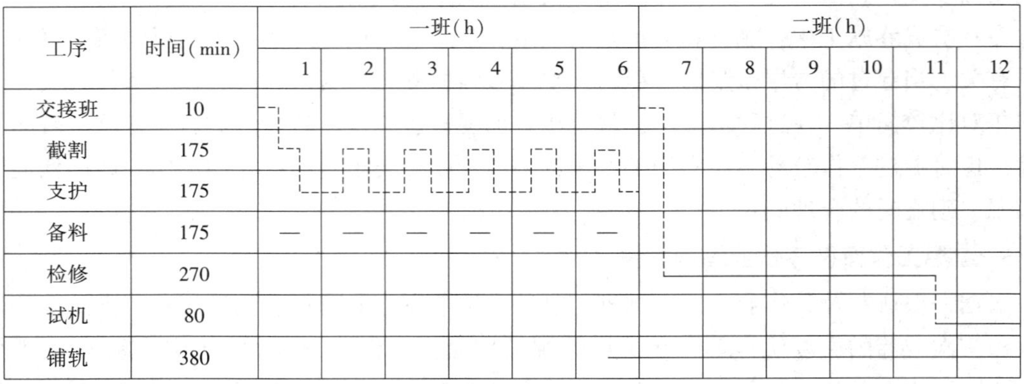

工序	时间(min)	一班(h)						二班(h)					
		1	2	3	4	5	6	7	8	9	10	11	12
交接班	10												
截割	175												
支护	175												
备料	175	—	—	—	—	—	—						
检修	270												
试机	80												
铺轨	380												

注：三、四班工序同一班。

图 6—1　综掘工作面循环作业图表

（4）开机率

开机率是衡量采掘机械开动时间的一项指标，其值等于采掘机械在工作面实际运转时间与全部生产工作时间的百分比。

例如：某矿 8321 掘进工作面，年工作天数为 230 天，掘进机纯截割时间为 666 h，其年平均开机率为：

$$年平均开机率=\frac{666}{230\times24}\times100\%\approx12\%$$

2. 综掘工作面循环作业图表编制方法

编制综掘工作面循环作业图表，就是要把前面所讲的各项原则结合具体情况，将一个循环中各个工序的工作持续时间和其相互在时间上的衔接关系用图表的形式表示出来，以指导巷道施工。

（1）合理选择施工作业方式和循环方式

首先应根据设计的巷道断面、地质条件、施工任务，以及施工技术水平和设备等因素，选择并确定巷道施工的作业方式。在我国目前条件下，应尽可能采用一次成巷多工序平行作业。但随着掘进机械化水平的提高，以钻眼和装运岩石为主要工序的顺序作业也应予以考虑。一般条件下可采用每班一个循环或每班两三个循环，若巷道断面面积大、地质条件差，亦可实行一日一循环。施工中应尽量做到小班循环次数为整数，即一个循环不要跨班（日）完成，否则易造成工序之间互不衔接，施工管理困难，这对实现正规循环作业是不利的。因此，当求得的小班循环次数为非整数时，应调整为整数。调整方法应以尽量提高工效和缩短辅助作业时间为原则。

关于工作制度，目前我国煤矿多数都采用“三八制”，但有的煤矿在组织岩巷快速施工时，因劳动强度大，辅助工作量多，也常采用“四八交叉制”，这种作业制度对提高劳动生产率、加快掘进速度是有利的。

（2）确定循环进尺

掘进循环进尺与掘进循环次数是互相制约的。只要循环进尺确定了，则每个循环的工作量也就确定了，同时也就确定了每个循环所需的时间，从而可求得每小班的循环次数。但是，循环进尺决定于掘进机每次的截深，因此还必须根据掘进机截割效果的合理性来确定。根据我国目前的掘进机截割技术条件，一般以 0.5 m 截深为合理。当然，随着高效率、大功率掘进机的应用，可进一步采用浅进度、多循环的截割方式，这对提高掘进速度更为有利。

（3）确定各工序和循环时间

确定了掘进机的截深，也就知道了各主要掘进工序的工作量，然后可根据设备情况、工作定额（或实测数据）计算各工序所需要的作业时间。在所需的全部作业时间中，扣除能够与其他工序平行作业的时间，便是一个循环所需要的时间（三八制），即：

$$T=T_1+T_2+T_3+T_4+T_5$$

一般情况下，交接班时间（T_1）为 20 min，截割时间（T_2）为 140 min，支护时间（T_3）为 180 min，检修时间（T_4）为 120 min，试机时间（T_5）为 20 min。

（4）综掘工作面循环作业图表的编制步骤

综掘工作面循环作业图表是以各工序及各工序所用时间（min）为纵坐标，以一个小班时间（min）为横坐标进行绘制的，步骤如下：

1）根据综掘工作面的条件和作业形式，建立循环作业图表的坐标系。

2）按主要工序运行方向、运行速度和所需时间，在循环作业图表的坐标系中画出主要工序运行线。

3）根据次要工序与主要工序相距的距离和滞后时间，画出次要工序线。超前主要工序的画在左侧，滞后主要工序的画在右侧。两工序线的垂直距离表示工序在工作面的滞后距离，水平距离表示工序间的滞后时间。

4）画出不与主要工序平行作业的其他工序。

通过以上计算及初步确定的数据即可着手编制循环作业图表。编制出来的循环作业图表还要在实践中进一步检验修改，使之不断完善，才能真正起到指导巷道施工的作用。

举例：某矿 7234 运输巷，作业方式采取班掘班锚、掘进与永久支护平行作业，作业制度采取现场交接班、“三八制”工作制度，循环作业图表（三班循环作业图相同）如图 6—2 所示。

工作名称	时间(min)	60	120	180	240	300	360	420	480
交接班	5								
检查	20								
截割	60								
临时支护	15								
出煤	30								
永久支护	65								
延输送机	30								
标准整理	30								
检修	40								
备料	90								

图 6—2　某矿 7234 运输巷循环作业图表

第三节　综掘工作面安全与工程质量管理

安全管理是综掘工作面管理的一项主要内容。安全管理工作也反映了综掘工作面的管理水平。综掘工作面管理好了，重视安全管理工作，综掘工作面的生产效率就会提高，经济效益就会增长；反之，不重视安全管理工作，就可能造成事故、伤亡不断发生，经济财产受到严重损失。安全状况恶化，职工无法安心工作，不能保证生产正常进行，企业的生产和效益都将受到严重影响。随着煤矿开采机械化水平提高，安全管理工作就显得尤为重要，综掘工作面的安全工程质量是综掘工作面安全生产的保障。因此，搞好综掘工作面安全与质量管理，是使综掘工作面达到高产、高效的前提和条件。

一、综掘工作面安全管理

综掘工作面的安全管理是综掘区队安全管理的重要方面之一，其好坏直接影响综掘工作面的生产效率。因此，必须加强综掘工作面的安全管理。

1. 加强职工安全管理意识

安全管理是工业生产对安全提出的特殊要求，是安全技术不断发展和完善的产物。安全生产是一项与广大职工的行为和切身利益紧密相连的工作，依靠少数人是不行的，必须依靠广大职工增强安全意识，积极参与安全管理工作，才能保证生产安全、正常进行。要经常对职工进行安全技术培训和教育，提高职工安全知识水平和技能，使其自觉遵守安全生产管理的各项制度，形成安全生产自我保护和互保的坚实基础。

2. 健全安全管理体制

要搞好安全管理工作，必须健全安全管理体制。综掘工作面要建立由综掘区队长负责的安全管理体制。各工作班要配备安全管理员，负责本班安全管理工作与工程质量管理工作。各工作小组要有安全监督员，对工作地点、工作设备、工作过程的不安全行为进行监督，有权在危及人身安全的状况下停止作业、撤出工作人员。只有这样，才能在工作面形成一个自保、互保的安全管理体系，确保综掘工作面在正常条件下安全地进行生产。

3. 加强工作面工程质量管理

综掘工作面工程质量管理是综掘工作面安全管理的主要内容。只有抓好工程质量管理，才能使生产在安全的环境中进行，安全生产才有保证。工程质量首先是工作面的支护质量。要保证支护设备的有效支撑能力，必须严格按作业规程规定进行支护。认真进行工作面压力监测工作，发现损坏、失效的支护设备及时进行维修处理。确保工作面支护设备的可靠性，使工作面有一个良好、安全的工作环境。其次是机械、电气设备的完好性。要按规定对机械、电气设备进行日常维护检修，保证各类设备的完好性符合规定。工作过程中发现设备问题必须及时进行处理，不能出现带病运转的设备，确保工作面生产安全顺利进行。

4. 严格执行安全管理制度

安全管理制度是职工生产活动的行为准则。遵守安全管理制度是工作面安全管理的保障。安全管理制度是工作面作业规程中的主要内容。编制作业规程时，必须结合工作面的具体条件和煤矿安全管理的各项规定，制定完善的、切实可行的安全管理制度。制定安全管理制度是工作面安全管理的基础，严格贯彻落实是安全管理的关键。规范各工种岗位技术操作规程，不违章作业，才可有效地避免事故发生，彻底改变煤矿的不安全状况。

5. 采用先进的安全技术设备

先进的安全技术设备为生产提供了可靠的技术保障。多功能、大功率掘进机的应用，使工作面的安全生产进入一个新的阶段；工作面压力监测系统可及时地掌握顶板活动的规律，有效地进行顶板控制；安全监测系统可有效地防止工作面瓦斯、火灾事故发生；先进的降尘系统可有效地降低工作面煤尘的产生和危害。在条件允许的情况下，要尽量采用先进的技术设备和安全管理设施，提高工作面安全管理的水平，减少和避免各类事故的发生和危害。

6. 编制综掘工作面安全技术措施

综掘工作面安全技术措施包括通防管理方面、顶板管理方面、掘进机操作管理方面、机电管理方面、运输管理方面的内容。

二、综掘工作面工程质量管理

综掘工作面工程质量管理是综掘工作面安全生产的保障。把标准落实到施工中，会使综掘工作面工程质量管理更加规范化和标准化。因此，我们必须知道综掘工作面成巷的标准及检查方法。

1. 巷道掘进工程质量标准

严格的质量管理是实现安全生产的保证。现场施工人员都要重视工程质量，参与质量管理，定期组织学习质量管理知识。通过开展质量管理小组活动等形式提高掘进工作面的工程质量。

煤矿井巷工程种类很多，施工方法也不尽相同。施工中应实现全面质量管理，严格执行质量检验制度，把质量不合格的工程消灭在施工过程中。煤矿井巷工程质量检验评定应按分项工程、分部工程和单位工程划分。分项工程按工序和工种划分，如基岩掘进工程、模板组装工程、锚杆支护工程、喷射混凝土支护工程、砌碹支护工程、架棚支护工程等。分部工程按井巷工程的主要部位划分，如巷道工程的主体工程、交岔点工程、水沟工程、附属工程等。为了便于工程月末验收，对工程量大、工期长的井筒、平硐、巷道的主体工程，可以按每月实际进尺划分为一个分部工程。凡不能独立发挥能力，但具有独立施工条件，构成一个施工单元的工程，即为一个单位工程。井巷工程的单位工程划分为立井井筒、斜井井筒和平硐、巷道、硐室、安全与通风设施、井下铺轨 6 类。

分项工程、分部工程和单位工程的质量检验评定均分为“合格”和“优良”两个等级，并有具体规定。以分项工程为例，分项工程的检验和评定应在保证项目、基本项目、允许偏差项目和质量保证资料具备的基础上进行，在班组检查的基础上，由施工负责人组织检验和评定，质量检查员核定。

合格要求：保证项目必须符合相应质量检验评定标准的规定；基本项目中每个检查项目的检查点均应符合合格规定，检查点中每一测点均应符合合格规定；允许偏差项目中每个检验项目的测点总数均有 70%以上（含 70%）实测值在相应质量检验评定标准的允许偏差范围内，其余的需不影响安全使用。

优良要求：保证项目必须符合相应质量检验评定标准的规定；基本项目中每个检验项目的检查点均应符合相应质量检验评定标准的合格规定，其中有 50%以上（含 50%）的检查点符合优良规定，该项目即为优良，优良项目数应占检验项目总数的 50%以上（含 50%）；允许偏差项目中每个检验项目的测点总数均有 90%以上（含 90%）实测值在相应质量检验评定标准的允许偏差范围内，其余的均应不影响安全使用。

每班设质量验收员，班组长配合质量验收员做好本班的质量验收工作，严把质量验收关。质量不合格要返工或采取补救措施，不能因质量问题留下隐患，影响安全生产。

在搞好质量检验评定的同时，要把工作面文明生产工作搞好。

2. 掘进机掘成巷道的质量标准及检查方法

掘进机掘成巷道的质量标准见表 6—1，掘进机掘成巷道的质量标准检查方法见表 6—2。

表 6—1　　掘进机掘成巷道的质量标准

<table>
<tr><th rowspan="2">项目</th><th rowspan="2" colspan="2">检查内容</th><th colspan="2">质量要求及允许误差</th><th rowspan="2">检查方法及说明</th></tr>
<tr><th>合格（mm）</th><th>优良（mm）</th></tr>
<tr><td rowspan="2">保证项目</td><td colspan="2">临时支护</td><td colspan="2">必须符合作业规程规定</td><td>对照作业规程抽查施工记录，并现场实查</td></tr>
<tr><td colspan="2">掘进机掘进操作</td><td colspan="2">操作程序必须符合作业规程规定</td><td>对照作业规程抽查施工记录，并现场实查</td></tr>
<tr><td rowspan="3">基本项目</td><td rowspan="3">宽度</td><td>主要巷道</td><td>−50～+200</td><td>0～+200</td><td rowspan="3">按规定选检查点及测点。每侧取拱基线、墙中、墙脚（梯形、矩形巷道每侧取上、中墙脚）3 个测点，从中线向两帮量净宽，无中线巷道测全宽</td></tr>
<tr><td>一般巷道</td><td>−50～+200</td><td>0～+200</td></tr>
<tr><td>无中线巷道</td><td>−50～+250</td><td>0～+250</td></tr>
</table>

续表

项目	检查内容		质量要求及允许误差		检查方法及说明
			合格(mm)	优良(mm)	
基本项目	高度	主要巷道	-50～+200	0～+200	按规定选检查点及测点。由腰线(或半圆拱的圆心点)向上测拱顶和左、右肩,向下垂直到底板(或轨面)测高度,无腰线测全高
		一般巷道	-50～+200	0～+200	
		无腰线巷道	-50～+250	0～+250	
	坡度		±1‰	±0.5‰	量腰线至永久轨面或底板之间的垂距,检查50 m范围内坡度
	全断面掘进机掘进的中心偏移		-100～+100	-50～+50	班组逐循环尺检验,做好施工记录。中间、竣工验收时,按规定选检查点抽查

表6—2　　**巷道检验选检查点及测点的规定**

序号	选检查点的标准	示意图
1	检查点数不应少于3个，检查点间距不应大于20 m，拱形、圆形断面巷道每个检查点应选10个测点，分别测量净高、净宽，每侧取拱基线、墙中、墙脚3个测点，从中线向两帮量净宽，无中线巷道测全宽。自腰线（或半圆拱的圆心）向上测拱顶和左、右肩，向上垂直到底板或轨面测高度，无腰线测全高，测点位置见示意图	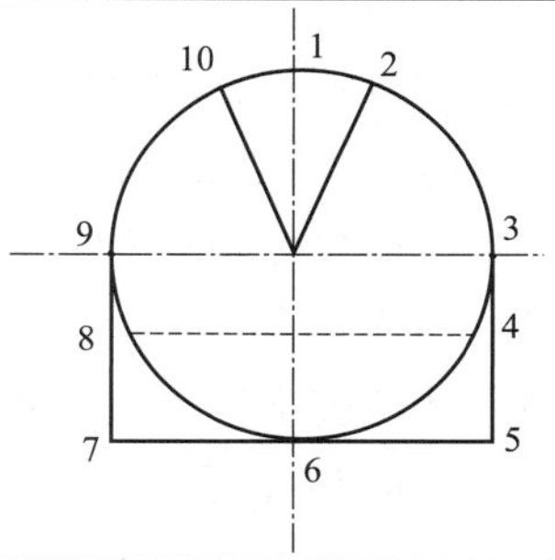 10 1 2 9 3 8 4 7 5 6
2	各种支架支护的巷道中，梯（矩）形断面巷道每个检查点应选6个测点，在棚梁下和腰线部位（或轨面），由巷道中线向两帮测净宽，无中线巷道测全宽。自腰线向上量到棚梁，向下量到底板（或轨面），无腰线巷道测全高。拱形断面巷道每个检查点应选6个测点，从中线向两侧起拱点量柱腿内侧净宽，从腰线向上至顶梁下侧和向下到底板量高度；有底拱时从腰线向下到底拱中心量高度，见示意图	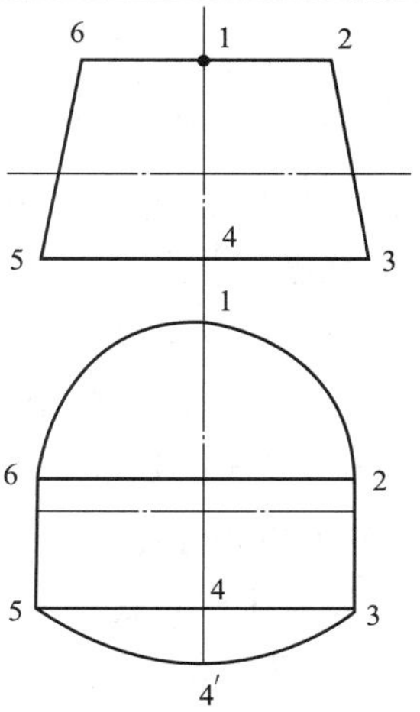 6 1 2 5 4 3 1 6 2 5 4 3 4′

第四节　综掘工作面区队制度与劳动制度管理

一个好的综掘区队必须要有一个好的制度来保证。综掘工作面也是这样，必须制定一些必要的制度，来保证工作面达到安全、可靠、高产、高效、低耗。综掘工作面区队管理制度一般包括综掘工作面区队安全管理制度、生产管理制度、技术管理制度和经营管理制度等方面。

一、综掘工作面区队管理制度

1. 综掘工作面区队安全管理

（1）区队安全管理内容

1）认真贯彻执行安全生产法规、政策和煤矿“三大规程”。

2）建立健全安全生产责任制，明确区队各级人员在安全生产中的职责范围。

3）贯彻安全技术措施计划和灾害预防与处理计划，并组织落实有关内容和要求。

4）开展安全生产检查，主要包括查安全思想、查安全制度、查劳动纪律、查隐患、查整改活动等。

5）进行安全生产教育，如区队安全教育、班组岗位安全教育等。

6）开展事故预防控制工作，对伤亡事故的规律性及其预测、预防进行研究，参加伤亡事故的调查处理。

（2）区队长安全管理职责

根据相关规定要求，煤矿区队安全管理的职责主要是：

1）贯彻执行国家安全生产政策和法律、法规。

2）建立健全安全生产责任制和工种岗位安全责任制。

3）严格安全生产检查和监督。

4）贯彻并落实安全技术措施计划（安全规划、安全措施工程计划、矿井灾害预防和处理计划）。

5）严格工程质量检查验收。

6）加强安全技术培训工作。

7）对事故进行统计分析。

8）促进工业卫生、劳动保护和环境保护工作。

9）及时总结安全生产经验和事故教训。

（3）区队安全管理制度

区队为了保证安全生产，必须把安全管理的内容和要求用制度的形式固定下来，便于区队成员遵循和进行管理，区队应建立的安全管理制度主要有以下几种：

1）安全生产责任制。区队安全生产责任制是关于区队职工的工作范围与应负安全责任的制度。区队的每一项生产活动都要落实到岗位上，使区队职工都明确自己岗位的安全责任，在工作中遵章作业。出现问题时，明确责任，及时处理。

2）区队长跟班盯岗制度。井下生产地点每班有一名副区队长跟班管理，对班组长的工作进行指挥和指导，并把井下的情况准确地汇报给井上值班区队长、调度室或生产矿长，以便安排好下一班的安全与生产工作，使问题的处理及时有力。

3）安全教育制度。安全教育制度是为了提高区队职工安全思想和安全技术水平，增强职工的法制观念，进一步搞好安全生产而建立的一种制度。

4）经常检查安全情况制度。班长要时刻注意现场通风、瓦斯、煤尘、水、火、放炮、工程质量、顶板管理及设备安全运转等方面出现的影响安全生产的因素，并及时采取措施进行处理。

5）建立健全安全信息管理制度

① 规定所有群监员、班组长上井后必须填写安全信息卡。

② 填写安全信息卡必须实事求是，填卡后必须向区队值班人员汇报情况，提出处理意见。

③ 区队值班人员接到隐患汇报后，应按规定进行处理。

6）交接班制度

① 交接班一律在作业现场进行，实行班组、工种对口交接，并做到“口讲清、手交手、你不来、我不走”，把问题交接清楚。

② 交接班内容有完成任务情况、工程质量和原始记录、工作面安全情况和预防措施、设备运行情况、为下一班准备工作情况、本班存在的问题及下一班注意事项。

③ 交接班时，重要情况要逐一交接。

7）质量负责制度

① 施工质量落实到班组和个人，施工工程实行挂牌制（施工班组、个人留名），以便检查，落实责任。

② 按施工序做好质量自检、互检、交接班的检查与验收，并做好隐蔽工程记录和班组出工原始记录。

③ 严格按质量标准进行检查验收，检验出的不合格工程要返修，问题严重的要重新进行施工，并追究责任。

8）事故分析处理制度。区队发生安全事故，在认真协助上级分析、接受处理的同时，分析原因，汲取教训。区队事故分析处理制度的内容包括对事故的剖析、对措施的检查、对安全质量意识的反思，对当事者的教育、处罚和对事故影响的补救等。

9）奖惩制度。奖惩制度是对职工遵守劳动纪律和完成安全生产任务好坏的一种表扬或处罚的制度。把安全生产任务分解到班组和个人，凡安全工作做得好的，完成任务的要奖励，对完不成任务或造成事故的要惩罚。

2. 综掘工作面区队生产管理

建立以工种岗位责任制为中心的交接班制度、安全生产制度和设备维修保养制度。交接班制度实行交工作进度、交安全情况、交设备、交措施的“四交”制度，使下一班很快掌握工作面情况。安全生产制度做到“三定两及时”，即定期开展安全活动，定期、定点检查安全生产情况，及时检查当班工作面安全情况，及时处理不安全因素。机械设备维修制度执行“二定三包”，即定人员、定设备、包管、包修、包用。

3. 综掘工作面区队技术管理

建立质量管理制度和技术练兵制度，实行质量负责到人。建立区队长、技术员巡回检查制，班组自检与互检相结合，原始记录正规化。以生产岗位为课堂进行技术练兵，定期举办技术讲座和技术操作比赛，使每个人都成为掘、支、装、运的多面手。

4. 综掘工作面区队经营管理

区队实行计件工资、超额提成的工资分配办法。建立以班组核算为中心的材料领退制度、成本核算制度和奖金发放制度。具体做法是小件施工工具、用具分配到班组，实行以旧换新、多领退还的办法；大宗材料分班组按工作量核算，超支者罚，节约者奖。

二、综掘工作面劳动制度管理

综掘工作面劳动组织是一项既复杂又烦琐的工作，安排不好有可能就影响生产，因此，要使综掘工作面做到安全、可靠、高产、高效，首先要把人员组织好、安排好，尽量做到不窝工，使每一个人在工作时紧张、有序，能发挥最大的效能。

1. 综掘工作面劳动组织

一次成巷平行作业是把掘进、永久支护、铺设输送机和铺轨等几部分工序视为一个整体，前后有机结合并保持一定距离，进行最大限度的平行施工。因此必须有与这种施工方法相适应的劳动组织，才能保证各项施工任务的顺利完成。实践证明，综合工作队是实现一次成巷平行作业的行之有效的组织形式，是保证各工种之间配合和协作的有效措施，因此得到了广泛的采用。

综掘工作面综合工作队的主要特点是将巷道施工中的主要工种和辅助工种都组织在一起，使各工种既有明确的分工，又能在统一领导下密切配合和协作，共同完成各项施工任务。因此，它具有以下的优点：

（1）各工种间能够互相协助，基本上消除各工种间工作量不均衡的现象，从而能充分利用工时，提高工效。

（2）各工种在统一指挥和调度下，工序的衔接更加紧密，可减少或避免相互间的影响，有利于缩短循环时间。

（3）能使各主要工种和辅助工种人员思想统一、目标一致，形成一个团结协作的有机整体，有利于加快施工速度和提高工程质量。

2. 综掘工作面施工管理

在一次成巷施工中，为了充分利用工时，提高施工速度和质量，做到安全生产，减少材料消耗，在正确选择施工作业方式与合理的劳动组织的同时，还必须建立和健全以工种岗位责任制为中心的各项规章制度。

（1）工种岗位责任制度

工种岗位责任制度就是按照工作性质将每一小班的全体人员划分为钻眼爆破组、装岩运输组和支护组等，每个人自始至终按照规定的循环次数和进度，在一定时间内使用固定的工具或设备，在各自的岗位上完成规定的任务。在一个时期内，每个循环如此，每班如此，形成固定人员、固定设备、固定任务、固定地点、固定时间的一项制度。它的主要特点是任务到组、固定岗位、责任到人，因此可以加强工人的责任感，激励他们努力做好本职工作，同时又可使各项工作井然有序，减少混乱现象，从而有利于提高工程质量和施工速度，并能有效地防止事故的发生。

（2）交接班制度

在巷道掘进中，要实行工作面的交接班制度，不仅每班的负责人要进行交接，而各工种甚至每个岗位上的工人都应进行对口交接，同时要做到“四交”，即交任务、交措施、交设备、交安全，使下一班能很快做到情况清、任务明，马上就能连续作业，充分利用工时。

（3）巡回检查制度

掘进队必须组织有关人员对工作面进度、安全、质量和设备使用情况等做定期的巡回检查，以便及时掌握施工情况，发现问题及时解决。

（4）设备维修保养制度

对施工中所使用的设备要建立定期的维修、保养、检修制度，从而使设备经常处于良好状态，不断提高设备的完好率。

（5）质量负责制度

井巷工程是煤矿建设中的主体工程，保证其施工质量具有十分重大的意义。因此，施工中必须严字当头，确保工程质量，尤其是隐蔽工程，更要随时加强施工质量的检查，以防患于未然，把不合格的施工消灭在萌芽状态。为了切实把好质量关，掘进队要建立起班组质量自检和互检制度。

（6）岗位练兵制度

对工程队各工种的工人都要明确提出在巷道施工技术方面的具体要求，使他们在设备操作、维修、保养等方面达到一定的技术水平。这样可以进一步调动工人的积极性，鼓励工人钻研技术，对技术精益求精，不断提高工程队的施工能力。

（7）安全生产制度

安全生产制度是保护工人生命和健康，保护国家财产不受损失，确保任务完成的一项必不可少的制度。必须经常进行安全生产教育，并在班组内设立兼职和专职安全检查员，定期、定点检查安全生产情况，一旦发现不安全状况和不利于安全生产的因素，要及时纠正和处理。

（8）班组经济核算制度

班组经济核算制度是依靠群众、人人当家做主、把勤俭办企业的方针落实到基层的一项重要制度。要求各个工种在工时、出勤率、材料消耗方面对自己所担负的施工任务进行核算，做到施工有预算、消耗有定额、领料有记录、完工有核销。另外，要大力提倡修旧利废、交旧领新的节约风尚，努力降低工程成本。在工程队内要设立专职的核算员，班组内设立不脱产的核算员，掌握每天工料消耗、出勤率和掘进进尺，及时填表报队，对成绩好的要给予表扬和奖励。

多年的实践经验证明，以上各项管理制度都是行之有效的，是搞好企业基层管理所不可缺少的。只有切实执行这些管理制度，才能优质、快速、高效、低耗、安全地完成掘进任务。

3. 综掘工作面劳动组织安排

综掘工作面一般都采用综合工作队的劳动组织形式，把每小班分成掘进支护组、运输组、备料组，全区队劳动组织见表6—3。为保证完成掘进任务，建立健全岗位责任制，工作中应实行“四抓”，即：抓分工，定人定岗，各负责任；抓协作，紧密配合；抓接续，走上步，看下步，一环扣一环；抓调配，集中力量，突破薄弱环节，使各工种各工序充分利用时间和空间，保证各工序的正常循环。

表 6—3　　综掘工作面劳动组织表

全区队在册人员								合计：22×3
掘进支护组		运输组		备料组		班长	轮休	出勤
掘进机司机	支护工	输送机司机	小电绞车司机	装卸工	机电维护工			
2×3	4×3	3×3	1×3	4×3	2×3	1×3	2×3	19×3

第五节　综掘工作面设备使用管理

综掘工作面设备包括掘进机、刮板输送机、带式输送机和调度绞车。它们使用和管理的好坏直接影响综掘工作面的生产，因此，必须正确使用和管理好综掘工作面的设备。特别是掘进机，更应该做到正确使用和科学管理。

一、综掘工作面设备使用

正确使用综掘工作面设备，特别是正确使用掘进机，能使综掘工作面高产、高效。因此，必须做到正确、科学地使用综掘工作面的设备。

1. 掘进机的安全使用

（1）安全注意事项

1）掘进机必须由经过专业培训的操作人员进行操作。

2）启动前，要确保掘进机周围的危险区内无人后方可开机。

3）在作业期间或是当掘进机接通电源后，严禁人员在掘进机前面、截割臂的回转范围内、铲板和输送机工作范围内停留。

4）司机确定和改变掘进机的作业方位时，要事先提醒在工作范围内的所有人员注意。

5）一旦发生危急情况，必须用紧急停止开关立即切断电源。

6）在未关掉电源之前，司机不得擅自离开掘进机。

7）掘进机停用较长时间，必须断开隔离开关。

8）断电之前一定要将截割部放置于底板之上，将掘进机摆在对人员无危险的位置上。

9）掘进机作业期间绝对不能进行维修。

10）在维修作业期间，必须防止由于不经心而开动掘进机的任何危险情况发生。

11）如果需要将掘进机从地面提起进行修理，应当在履带下面垫上木垛，以确保掘进机的稳定。

12）禁止任何人员在截割臂下面停留。

13）如果需要在截割臂、铲板、刮板输送机、回转带式输送机等部位下面作业，则必须制定专门措施，防止这些部位意外下落伤人。

14）不允许在有危险的地带和没有支护的顶板下对掘进机进行维修。

15）电气设备维检必须由专职电工负责，确保不失爆。

（2）操作注意事项

1）首先启动液压系统的电动机，利用噪声报警，提醒附近人员撤离危险区。

2）开始截割时，应使截齿慢速靠近煤（岩），当达到截深后（或截深内）所有截齿与煤（岩）开始截割时，才能根据负荷情况和机器的振动情况来加大进给速度。

3）当需要调速时，要注意速度变化的平稳性，防止冲击。

4）截割头在最低工作位置时（如底部掏槽、开切扫底、打柱窝、挖水沟等），严禁将装载铲板抬起。

5）截割头横向进给截割时，必须注意与前一刀的衔接，应一刀压一刀地截割，重叠厚度以 150~200 mm 为宜。

6）掘进机在前进或后退时，必须注意前、后、左、右人员和自身的安全，同时注意防止压坏电缆。

7）严禁手持水管站在截割头附近喷水，以防发生事故。

8）操纵液压传动系统的控制阀组手把时，不得用力过猛，以免因液压冲击而损坏机件。

9）当油缸行程至终点位置时，应迅速扳回操纵阀手把，以免液压系统长时间溢流发热。

10）截齿磨损或损坏时，不得开机。

11）无冷却水不得开机。

12）搞好截割、支护和转载这三个主要工序间的协调配合工作。

13）从掘进机到工作面至少要有 2 m 的自由移动范围。当掘进机向前移动时要放下铲板，后退时要抬起铲板。

14）要及时清除机器周围的堆积物和煤（岩）。

15）当截割头不转时，不要强行使机器硬顶工作面，这样会造成回转台和截割臂内的轴承严重损坏。

16）认真执行交接班制度。

2. 刮板输送机的安全使用

（1）启动前必须发出信号，向工作人员示警，然后断续启动，如果转动方向正确，又无其他情况，方可正式启动运转。

（2）防止强制启动，一般情况下都要先启动刮板输送机，然后再往输送机的溜槽里装煤。

（3）在进行截割时，必须把整个设备（特别是管路、电缆等）保护好。

（4）溜槽里不能进入大块煤或矸石，如果发现就应该立即处理，以防损坏刮板链或引起采煤机掉道等事故。

（5）一般情况下不准输送机运送支柱和木料等物。必须运输时，要制定防止顶人、顶机组和顶倒支柱的安全措施，并通知司机。

（6）启动时一定由外向里（由放煤眼到工作面），沿逆煤流方向依次启动。

（7）刮板输送机停止运转时，要先停止采煤机，炮采时不要向输送机里装煤。

（8）工作面停止出煤前，应将溜槽里的煤拉运干净，然后由里向外沿顺煤流方向依次停止运转。

（9）运转时要及时供水，洒水降尘，停机时要停水，无煤时不得长时间空运转。

（10）运转中发现断链、刮板严重变形、机头掉链、溜槽拉坏、出现异常声音和有关部位油温过高等情况，都应立即停机检查处理，防患于未然。

（11）刮板输送机的卸载端与顺槽转载机的机尾装煤部分应配合适当，不能使煤粉、大块煤堆积链轮附近，以免被回空链带入溜槽底部。应经常保持机头、机尾的清洁。

（12）在投入运转的最初两周中，要特别注意刮板链的松紧程度。刮板链在松弛状态下运转时会出现卡链和跳链现象，使链条和链轮损坏，并发生断链或底链掉道等故障。

检查刮板链松紧程度最简单的方法是：点动机尾传动装置，拉紧链条，数一下松弛链环的数目。如果用机头传动装置来拉紧链条，则需反向点动电动机，在机头处数一下松弛链环的数目。当出现两个以上完全松弛的链环时，需重新紧链。

我国许多煤矿在使用刮板输送机过程中积累了丰富的经验，概括为四个字，即“平、直、弯、链”，这是保证刮板输送机正常运转的关键。所谓“平”，即输送机铺得平；“直”，即工作面呈直线；“弯”，即输送机缓缓弯曲，呈“S”形，避免急弯；“链”，即链条装配正确，松紧程度适当，不能过松或过紧。

3. 带式输送机的安全使用

（1）运转中的注意事项

1）注意润滑工作，按技术要求给减速器、各滚筒及托辊注油（脂）。

2）经常检查减速器和液力偶合器有无泄漏现象，定期检查充油量是否合适，及时调整补充。

3）在正常情况下，输送机要求空载启动，并避免短时频繁启动。

4）检查通过传动滚筒的胶带运行是否正常，有无卡磨和跑偏等不正常现象。

5）检查减速器、液力偶合器、电动机及所有滚筒轴温度是否正常。

6）检查胶带清扫器是否正确地接触胶带。

7）检查游动小车是否能在轨道上自由运动，停车清除粘在轨道上的煤粉。

8）检查胶带空载张力是否正常，否则要调整。

9）检查所有滚筒的油封及轴承磨损程度。

10）检查托辊运转情况，有转动拖滞者或轴承损坏者应及时更换。

11）测试两电动机的电流情况，若分配不均，应及时调节液力偶合器的充液量，或查明其他影响因素并及时处理。

（2）启动前的准备工作

1）检查清扫器刮板与胶带的距离，应不大于 3 mm，并有足够压力，接触长度在 85% 以上。

2）检查各部件螺栓是否齐全、牢固。

3）检查托辊是否齐全，与带式输送机中心线是否垂直。

4）检查油位、油质和密封是否符合规定。

5）胶带的张紧要适宜，其最大张力不得超过厂家规定。

6）通信信号系统要保持正常。

7）检查综合保护装置（断带、打滑、超速、烟雾、过载等）是否齐全、可靠。

（3）带式输送机司机的安全技术操作

1）操作人员经过培训、考核并取得合格证后，方可上岗。

2）带式输送机运转前按以上规定要求进行检查。

3）带式输送机启动运行前必须与机头、机尾及各转载点取得信号联系，待收到正确信号，所有人员离开转动部位后方可开机。

4）当带式输送机保护动作后，应查明保护动作原因，如跑偏、打滑等，应及时处理，故障处理好后使保护复位再启动。

5）带式输送机停机前，应将输送带上的煤放空。

6）带式输送机司机离开岗位时要切断电源。

4. 调度绞车的安全使用

（1）开车前的准备

1）检查调度绞车的支撑顶柱是否牢靠，工作闸的动作是否可靠。

2）在正式开动前应点动一下，检查钢丝绳是否完好。

（2）运行时的注意事项

1）必须准确判明信号，严禁用喊话或晃灯等办法传送信号。

2）下放重物时，应注意钢丝绳拉紧状态，如下放中突然发现钢丝绳出现松弛现象时（可能是出现了掉道或有局部阻力），要及时放慢下放速度，使钢丝绳保持拉紧状态；上提重物时要注意钢丝绳有无突然颤抖现象和电动机声响是否正常，如发现钢丝绳颤抖严重或电动机声响不正常时，应及时减慢速度或停车查明原因。

3）调度绞车停止使用时，应及时停电，将制动闸手柄置于制动位置。

二、综掘工作面设备管理

综掘工作面的生产活动是在操作者的操纵和控制下由综掘设备来完成的。因此，综掘区队要加强设备使用管理，使综掘设备经常处于良好状态，才能保证综掘工作面的正常生产。

综掘工作面的设备是保证综掘工作面生产的重要手段。随着掘进机械化生产的逐步普及，对设备管理的要求越来越高。综掘工作面设备种类繁多，对综掘设备合理使用、科学管理要求十分严格。正确地使用设备、精心地维护设备、科学地检修设备是综掘工作面设备管理的重要内容。所以，操作者必须知道如何使用、管理好综掘工作面设备，使综掘设备保持良好的工作状态。保证综掘工作面安全、高效地运行。

1. 综掘工作面设备管理内容

（1）保证设备有良好的工作环境

综掘工作面的作业地点周围环境差，经常受到水、火、瓦斯、煤尘、顶板等自然灾害的威胁。机电设备在使用过程中，要求工作环境清洁、防尘、防爆、防水、防火、防潮、防蚀、防震、防高温，还要求有一定的照明和搬运、起重、维修空间等。因此，综掘工作面的班组在生产作业中必须做好机电设备的工作环境维护工作。

（2）严格控制综掘设备的运行工作条件

综掘工作面各种设备的用途和结构不同，各有自身的工作条件要求。例如，综掘工作面使用的刮板输送机安装质量必须达到平、直、稳，头尾搭接合理，只能运煤、矸石等散状矿物，不得运送尖利、笨重的钢铁器材和物品。

（3）充分发挥综掘设备效能

充分发挥综掘设备效能是合理使用综掘设备的重要一环。根据综掘设备的技术性能、特点和运行方式，做到综掘设备负荷合理，运用得当，可以提高综掘设备的使用率。

综掘设备的实际工作负荷，在使用中应尽可能地接近于额定满负荷。综掘设备长期在空载或轻载下运行是不合理的。用最少的设备去完成生产任务是加强设备管理的重要原则。

2. 综掘设备的检查和维护

（1）综掘设备的检查

综掘设备检查是对设备运行状况、工作精度和腐蚀情况进行检查，通过检查可以及时查明和消除设备隐患，还可以针对发现的问题提出改进维修工作的措施，有目的地做好维修前的各项准备工作，提高维修质量、缩短维修时间和降低维修费用。

综掘设备的检查方法一般可分为两种：一种是简单的眼看、耳听、手摸、鼻嗅或者用简单的工具（如旋具、锤子、扳手等）进行检查，凭感觉和经验判断设备技术状况；另一种是利用检测仪表仪器，运用科学方法进行检测，如兆欧表测绝缘电阻、噪声分贝仪测噪声等级，凭数据判断综掘设备的技术状况。

（2）综掘设备的维护

综掘工作面设备的维护可以减缓零部件的磨损，减少修理工作量，提高设备使用寿命。综掘设备一般需要天天进行检查与维护。设备的日常维护又称为日常保养或例行保养。按照一定的路线进行的日常检查维护又称为巡回检查与维护。

综掘设备检查与维护的基本原则是：设备谁使用、谁维护，并实行专人负责制。

（3）保证合理的检查维护周期

综掘工作面设备的检查维护工作并非搞一两次就能解决问题，而是需要经常反复地进行。检查维护周期就是每两次检查维护之间的间隔时间（工作时间）。不同设备的结构性能、工作条件和工作环境不同，因此要规定不同的检查维护周期，应编出制度图表来贯彻执行。采煤、掘进，运输等设备的检查维修时间每天应不少于 4～6 h，还规定交接班时要有 15 min 的互相交接检查时间。对矿井其他主要生产系统设备应规定每天不少于 2～4 h 的检查维护时间。实行四班作业的矿井，要确保每天由一个整班来进行检查维护。另外，检查维护工作还可以利用某些生产间隙来进行。总之，检查维护时间要保证。

（4）综掘设备巡回检查维护制度

综掘工作面设备巡回检查维护的主要内容包括容易松动的连接部位是否牢固，容易发热的部位温度是否正常，容易冒油漏油的部位油量是否正常，各仪表指示是否正常，运动部位有无异常振动和声响，安全装置是否灵敏可靠，电气设备是否失爆等。

（5）综掘设备检查维修要规范化

综掘工作面机电设备检查维修由于检点多、方法多，稍不注意容易造成漏检。所以应把检查维修工作规范化。一般应做到以下几点：

1）把各个检查点（部位）编出序号，按序号检查，避免漏检。

2）根据机房特点确定检查维护的开始点与结束点。

3）摸索一条能包括所有检点，且与序号相适应的路线，要求路线最短，占用时间最少。

4）根据所确定的路线制成图表或牌板，并挂在醒目地点。

5）备有固定格式的检查维护报表，随时记录数据和情况，便于查核、汇报和交接。

3. 综掘区队管辖综掘设备的修理

（1）综掘设备的磨损和补偿

任何设备从出厂、投入使用，到最后报废，随时间的推移都存在一个逐渐消耗的过程，或称为磨损过程。磨损有两种形式，即有形磨损（是看得见、摸得着的磨损）和无形磨损（自身老化、陈旧、落后等，逐渐损失其价值）。

综掘设备的补偿是指针对机器的磨损而进行的检修工作，作用是恢复设备的原有性能和安全经济运行条件。机电设备的补偿又叫检修，有两层含义：一是更换、修复已磨损接近极限的零部件，使其恢复原来的性能；二是对设备进行改善性维修。

（2）综掘区队设备修理方法和要求

1）综掘区队设备修理方法有两种：一是标准修理法，就是对设备的修理日期、内容、工作量等都预先制订出一个具体计划，并按照计划严格执行；二是不定期修理法，这种方法只规定设备的检修维护计划，根据检查维护的结果，临时确定修理类别、日期与内容。

2）综掘区队设备修理要求

① 不可放松对综掘设备的检查维护工作，这是搞好设备修理的先决条件。

② 严格执行各种检修和安全技术规程。

③ 修理工作进行中，按设备结构顺序卸装。

④ 修理结束后，要进行严格的检查和验收，质量不合格应返工，不能降低标准。

4. 综掘区队设备的基础管理

（1）综掘区队设备的图、牌、板、卡管理

图、牌、板、卡管理即直观形象设备管理，其内容包括设备的账、卡管理，设备的图表管理和设备的牌板管理。

（2）综掘区队设备的工具器材管理

工具器材是综掘区队另一种生产工具，对主机起辅助和保证作用。管理好工具器材不但是为了保证正常生产，使产品达到优良，还能提高生产率和降低产品成本，获得较好的经济效益。工具领取要做到事先有计划；工具保管要做到组内有账、有牌、有人分工负责；工具使用要注意合理用力；工具放置地点要稳妥、安全，避免损坏和伤人。

（3）综掘区队设备的备用配件管理

备用配件是综掘区队设备管理工作的一个重要组成部分。备用配件管理一是要严格领用制度，二是要建立健全实物账卡，三是加强旧件回收，搞好修旧利废。

（4）综掘区队设备的润滑管理

综掘区队设备大都是采用油液油脂润滑方式，所以润滑管理也是综掘区队管理的重要内容之一，一般要求按时、按点加油、换油，油质符合设备技术要求。润滑工作做到“五定”，即定点、定人、定质、定量、定期。

5. 综掘工作面设备使用管理方法

（1）专人、专机负责制或机长责任制

1）专人、专机负责制。对于单人操作，又是一班作业的设备，可实行专人、专机负责制，这是综掘区队中常见的一种责任制。

2）机长责任制。当几个人共同操作1台设备或者三班倒操作1台设备时，一般实行机长统一负责本设备管理，防止几个人之间互不通气、互相推诿、互不协作。机长统一责任、统一标准、统一任务，做到歇人不歇机，充分发挥机电设备的作用。

（2）设备维护工人的岗位责任制

1）严格执行有关规章制度并持证上岗。

2）上岗人员应遵守劳动纪律，爱矿敬业。

3）掌握综掘设备的基础知识，熟知相关国家标准。

4）负责对所辖区域内的机电设备进行巡回检查、日常维护、定期检修、事故处理，确保机电设备安全运行。

5）岗位人员应精通本职业务，要做到“三知四会”（知设备结构、知性能、知安全装置，会操作、会维护、会保养、会排除一般故障）。

6）工作结束后应清点工具、仪表、材料、备件等，填写记录并做好交接班工作。

（3）综掘设备包机制

综掘设备包机制是由操作工人采用合同形式进行承包，负责综掘设备的使用、维护和检修。包机制工作必须做到组织落实、任务落实、奖罚落实。

（4）综掘设备事故处理制

对综掘设备事故要进行周密调查和认真分析，召开必要的事故分析座谈会，让当事人充分报告事故详细经过。事故处理要“四不放过”，即事故原因未查清不放过，事故责任者未受到处理不放过，事故责任者和群众未受到教育不放过，没有有效防范措施不放过。

（5）设备操作考核制

设备操作考核制是规定操作人员上岗前必须经过有关规程、安全技术、设备结构原理、实际操作等培训，经考核合格，取得上岗操作合格证后，方可上岗作业。

思考练习题

1. 综掘工作面的临时支护一般有哪些规定?
2. 简述综掘工作面作业规程主要内容。
3. 什么是一次成巷?
4. 简述综掘工作面循环作业方式的内容。
5. 简述巷道掘进工程质量标准的内容。
6. 综掘工作面设备管理主要有哪些内容?